**Die Entstehung unserer Art, des *Homo sapiens*,
oder
Adam und Eva haben wirklich gelebt**

von Dr. Sergio Crosina

5. Auflage, 2016

Herstellung und Verlag:
BoD - Books on Demand, Norderstedt
ISBN: 978-3-7357-1942-3

Inhaltsverzeichnis

Titelblatt	1
Inhaltsverzeichnis	2
Bilder- und Tabellenverzeichnis	3
Vorwort	4
1. Teil: Einführung für Laien	**6**
1. Einleitung	**6**
1.1. Artdefinition, Abstammung der Arten und allopatrische Artentstehung	6
1.2. Chromosomenzahlen und chromosomale Artentstehung	9
1.3. Homininen	9
2. Geschichte des Artbegriffes und der Artentstehung	**10**
2.1. Der biblische Artbegriff	10
2.2. Linné	11
2.3. Darwin	12
3. Chromosomen und DNA-Molekül	**15**
3.1. Chromosomen, DNA-Molekül und Zellzyklus	15
3.2. Chromosomen (Fortsetzung)	21
3.2.1. Die Anzahl, Länge und Form der menschlichen Chromosomen	21
3.2.2. Die Bandenmuster der Chromosomen	23
3.2.3. Karyogramm und Karyotyp	24
3.2.4. Zellulärer Ablauf einer Befruchtung beim Menschen	25
3.2.5. Die DNA-Sequenzierung	26
2. Teil: Die Entstehung unserer Art, des *Homo sapiens*	**28**
4. Die Robertson-Translokation und die Entstehung der ersten Homininenart mit 46 Chromosomen	**28**
4.1. Die chromosomale Artentstehung und die Polyploidie	28
4.2. Die Robertson-Translokation	28
4.3. Der Chinese mit den 44 Chromosomen	32
4.4. Die hypothetische Entstehung einer neuen Menschenart mit 44 Chromosomen	35
4.5. Details zu den Kreuzungen 45 x 46 und 45 x 45	37
4.6. Die Entstehung der ersten Homininenart mit 46 Chromosomen	39
5. Vorschlag für einen neuen Stammbaum	**41**
5.1. Der Zeitpunkt der Entstehung der ersten Homininenart mit 46 Chromosomen	41
5.2. Die evolutionäre Art und die Artdefinition mit Vorfahren-Nachkommen-Linien	41
5.3. Die Etablierung der neu entstandenen Art *Homo sapiens*	42
5.4. Das Neandertaler-Genomprojekt	43
Anhang: Wer war zuerst da, das Huhn oder das Ei?	**46**
Literaturverzeichnis	48
Personenregister	50
Sachregister	51

Bilder- und Tabellenverzeichnis

Abb. 1:	Stammbaum der grossen Menschenaffen und des Menschen	6
Abb. 2:	Stammbaum der Homininenarten der letzten 1.8 Millionen Jahre	10
Tab. 1:	Die Klassierung des *Homo sapiens* gemäss Linné (in Klammern: lateinisch)	12
Abb. 3:	Titelblatt der 1. Auflage von Darwins „ON THE ORIGIN OF SPECIES"	14
Abb. 4:	Zeichnung aus Walther Flemmings Buch: „Zellsubstanz, Kern und Zelltheilung"	15
Abb. 5:	DNA-Doppelhelix	17
Abb. 6:	DNA-Molekül aus Abb. 5 in Leiterform	18
Abb. 7:	Zellzyklus von eukaryotischen Zellen	19
Abb. 8:	Rasterelektronenmikroskopische Aufnahme von Metaphase-Chromosomen des Menschen	20
Abb. 8.1.:	46 Metaphase-Chromosomen (Bild c) aus dem Artikel von Tjio und Levan	22
Abb. 9:	Die Bandenmuster aller 24 menschlichen Chromosomentypen	23
Abb. 10:	Karyogramm und Karyotyp eines Mannes	24
Tab. 2:	Darstellung von chromosomalen Abnormalitäten in einem Karyotyp	25
Abb. 11:	Der zelluläre Ablauf einer Befruchtung beim Menschen	26
Tab. 3:	Die Längen der 24 menschlichen Chromosomentypen …	27
Abb. 12:	Vergleich der 2 Schimpansen-Chromosomen 2A und 2B (C) mit dem Menschen-Chromosom 2 (H)	30
Abb. 13:	Karyogramm eines Mannes mit einer Robertson-Translokation (13;14)	31
Abb. 14:	Teil des ursprünglichen Titelblattes des Artikels von Dr. Barry Starr	32
Abb. 15:	Karyogramm des Chinesen mit den 44 Chromosomen	33
Abb. 16:	Stammbaum des Chinesen mit den 44 Chromosomen	34
Abb. 17:	Schema des kürzesten Weges von einer de novo Robertson-Translokation (13;14) zu einer hypothetischen neuen Art mit 44 Chromosomen	36
Tab. 4:	Vereinfachte Meiose einer unreifen Keimzelle mit 45 Chromosomen	37
Tab. 5:	Kreuzungsschema 45 x 46	38
Tab. 6:	Kreuzungsschema 45 x 45	38
Abb. 18:	Schema des kürzesten Weges von einer de novo Robertson-Translokation (2A;2B) zur ersten Homininenart mit 46 Chromosomen	40
Abb. 19:	Erneuerte Version des Stammbaumes von Abb. 2	42
Abb. 20:	Neuer hypothetischer Stammbaum des *Homo sapiens*	45

Vorwort

Ich bin 1933 in Zürich geboren. Ich habe in Zürich auch alle Schulen besucht, darunter das Literargymnasium mit damals noch Latein und Griechisch. Nach der Matur habe ich dann nach einem längeren Unterbruch an der Universität Zürich Ökonomie studiert und mit dem Lizenziat und etwa 6 Jahre später auch noch mit dem Doktorat abgeschlossen. Ich wollte aber nicht als Ökonom arbeiten.

Damals, zu Beginn der 1960-er Jahre, wurden die ersten Computer für kommerzielle Anwendungen installiert. Es gab damals aber noch kein Informatik-Studium und daher auch noch keine ausgebildeten Informatiker. Die wenigen Lieferanten von Computern mussten daher ihre Informatiker selbst ausbilden. Diese Firmen stellten daher junge Akademiker von beliebigen Fachrichtungen an und bildeten sie zu vollwertigen Informatikern aus. Ich hatte das Glück, dass ich bei IBM eine solche Stelle bekam. Ich blieb dann drei Jahre bei IBM und wurde zu einem Informatiker ausgebildet. Ich habe IBM beruflich sehr viel zu verdanken.

Im Alter von 37 Jahren verschlug es mich dann eher zufällig nach Chur, wo ich eine Stelle als erster Leiter des damals frisch geschaffenen Amtes für Informatik des Kantons Graubünden erhielt. Auf dieser Stelle bin ich dann 28 Jahre lang bis zu meiner Pensionierung mit 65 geblieben. Nach der Pensionierung begann ich hobbymässig, aber doch ernsthaft, mich mit einigen Wissensgebieten zu befassen, die mich interessierten. Unter diesen Wissensgebieten waren auch die Genetik und die Evolutionstheorie.

Hier hat mich schon früh die Frage beschäftigt, wie die erste Homininenart mit 46 Chromosomen entstanden ist. Ich war sehr erstaunt, dass diese Frage weder in der Genetik noch in der Evolutionstheorie noch in der Anthropologie ein Thema war. Das ist im Wesentlichen bis heute so geblieben. Trotzdem wird heute ernsthaft an diesem Thema geforscht, z.B. in der Molekularbiologie.

Ich selbst habe mich seit meiner Pensionierung im Jahre 1998 mit wechselnder Intensität mit diesem Thema befasst. Schliesslich kam ich zu einer in sich geschlossenen und wie mir schien lückenlosen und klaren Sicht des Problems. Ich habe dann begonnen, meine Gedanken niederzuschreiben. Ich kam im August 2016 zu einem Abschluss dieser Niederschrift.

Ich wäre nie zum Ziel gelangt, wenn ich nicht einige Helfer gehabt hätte. Ich will hier die wichtigsten drei dieser Helfer in alphabetischer Reihenfolge nennen. Das waren mein Sohn Andreas Crosina sowie zwei ehemalige Mitarbeiter von mir, nämlich Christian Meier und dipl. Ing. ETH Reto Schuoler. Andreas hat mir insbesondere in allen Fragen und Problemen der Informatik geholfen und mich beraten. Christian Meier und Reto Schuoler haben jeweils alle neuen Textversionen gelesen und mir unzählige Verbesserungsvorschläge und Anregungen gemacht und mich immer, wenn ich aufgeben wollte, ermuntert weiterzumachen.

Da ich kein Biologe bin, ist mir der direkte Weg zu einer Publikation in einer Fachzeitschrift praktisch versperrt. In dieser Situation suchte ich nach einer Möglichkeit, über mein Thema zu referieren. Hier hat mir Dr. med. Peter Truog, 7000 Chur, die Möglichkeit gegeben, in einem privaten Rahmen über mein Thema zu referieren. Ich bin Dr. Truog sehr dankbar dafür. Dieses Referat hat am 31. Januar 2014 vor ca. 40 Zuhörern stattgefunden und ist gut aufgenommen worden.

Durch dieses Referat habe ich schliesslich noch Dr. Martin Häusler kennengelernt. Dr. Häusler ist promovierter Anthropologe (Dr. sc. nat.) und hat als Zweitstudium auch noch in Medizin abgeschlossen (Dr. med., FMH Allg. Innere Medizin, Head Evolutionary Morphology and Adaptation Group, Institute of Evolutionary Medicine, Universität Zürich). Dr. Häusler ist ein wirklicher Glücksfall für mich. Er hat sich für meine Arbeit interessiert und mir die vorhandenen Fehler gezeigt. Ich habe diese Fehler sofort korrigiert. Ich bin daher heute sicher, dass meine Arbeit wissenschaftlich korrekt ist, wenn man die vielen Vereinfachungen als solche akzeptiert. Die Verantwortung für den Text liegt aber selbstverständlich allein bei mir.

Schliesslich hatte ich das Glück, noch einen zweiten Biologen kennenzulernen, der Interesse an meiner Arbeit gezeigt hat und mich immer sehr ermuntert hat, weiterzumachen. Es ist dies Otmaro Lardi, lic. phil. II, Biologielehrer und Stellvertreter des Rektors an der Bündner Kantonsschule in Chur (jetzt pensioniert).

Ich bin dann durch einen Hinweis einer Interessentin an meinem Referat auf die Möglichkeit des „Books on Demand" gestossen. Diese Möglichkeit war für mich wie geschaffen, und mein Text liegt jetzt in Buchform vor. Mein Wunsch wäre, dass mein Buch dazu beitragen könnte, dass das heutige Wissen über die Entstehung der ersten Homininenart mit 46 Chromosomen in die Biologie- und Anthropologie-Lehrbücher aufgenommen wird. Das ist bis heute aus unverständlichen Gründen noch nicht geschehen. Auch eine Publikation in einer wissenschaftlichen oder populärwissenschaftlichen Zeitschrift wäre eine sehr attraktive Möglichkeit für mich. Ideal wäre dabei die Hilfe oder Mitwirkung einer Fachperson.

Der Text ist als Lehrbuch sowohl für „interessierte Laien" als auch für Fachleute geschrieben. Ich habe den Text daher in zwei Teile gegliedert. Der erste Teil ist eine „Einführung für Laien", in der ich das erforderliche Grundwissen erkläre. Dieser erste Teil kann von Fachleuten übersprungen werden. Im zweiten Teil komme ich dann auf das eigentliche Thema zu sprechen, nämlich die Entstehung der ersten Homininenart mit 46 Chromosomen. Der ganze Text stammt vollständig von mir, mit Ausnahme einiger weniger Zitate, die ich als solche gekennzeichnet habe.

Was den Inhalt betrifft, so kann man auch zwei Teile unterscheiden. Die ersten vier Kapitel enthalten nur bekannten wissenschaftlichen Stoff. Im Kapitel 5 und im Anhang stammt demgegenüber ein wesentlicher Teil des Stoffes von mir. Diese Teile sind als persönliche Ansicht, Vorschlag oder Vermutung zu betrachten.

Ich bin sehr interessiert an Meinungsäusserungen von Lesern zum Dokument. Solche Meinungsäusserungen können an meine E-Mail-Adresse geschickt werden. Sie lautet: crosina@bluewin.ch.

Chur, 11. August 2016S. Crosina

1. Teil: Einführung für Laien

1. Einleitung

1.1. Artdefinition, Abstammung der Arten und allopatrische Artentstehung

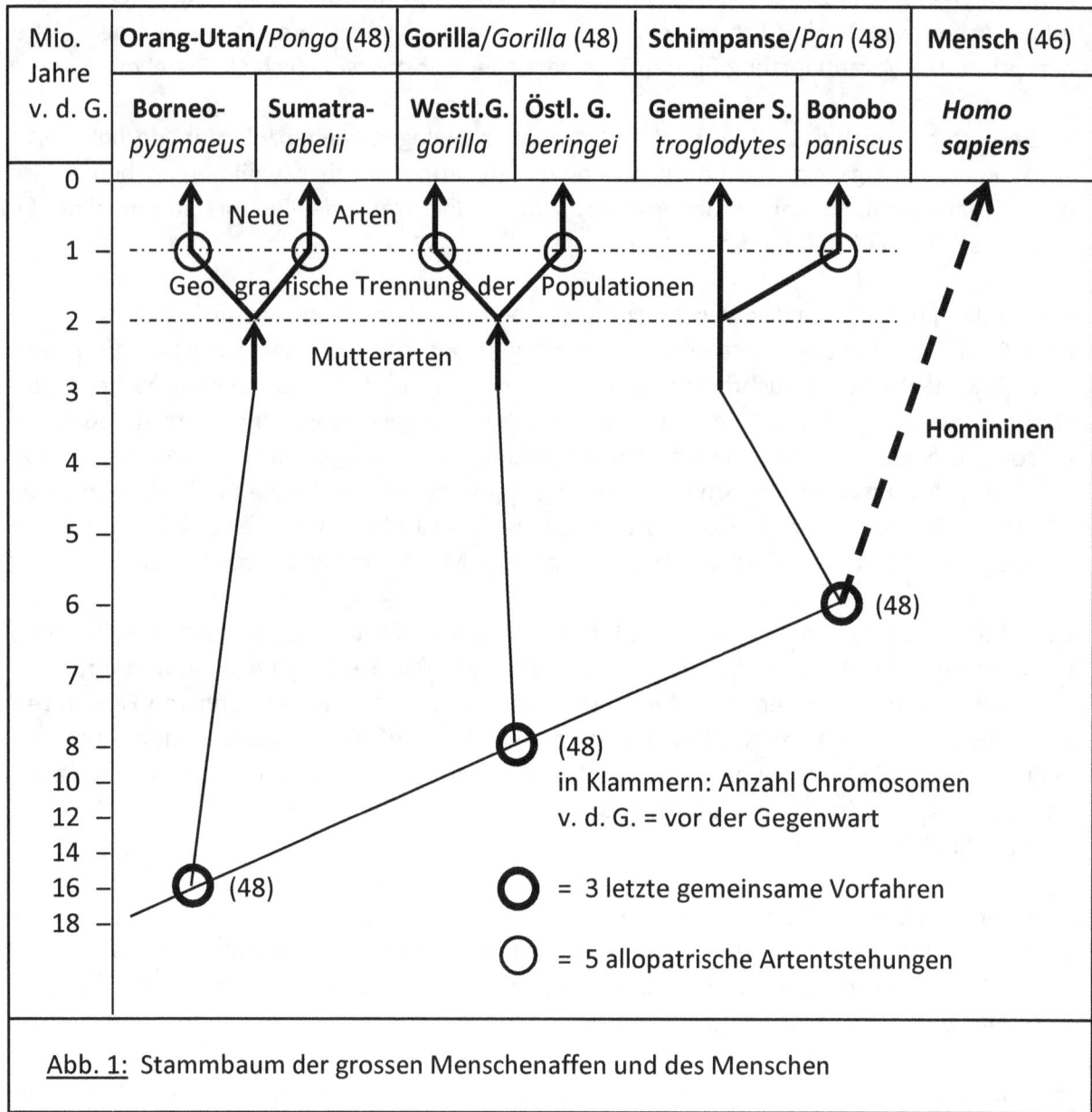

Abb. 1: Stammbaum der grossen Menschenaffen und des Menschen

Ich habe in Abb. 1 einen Stammbaum der grossen Menschenaffen und des Menschen gezeichnet. Die Menschenaffen sind der Orang-Utan, der Gorilla und der Schimpanse. Jeder von ihnen besteht aus 2 Arten, die in verschiedenen Gebieten leben. Beim Orang-Utan sind das der Borneo- und der Sumatra-Orang-Utan, beim Gorilla der Westliche und der Östliche Gorilla und beim Schimpansen der Gemeine Schimpanse und der Bonobo.

Aber was ist eigentlich eine Art? Es gibt viele Artdefinitionen. Aber vielleicht ist die älteste und die kürzeste Artdefinition für uns auch die beste. Sie besteht aus einem einzigen Wort, nämlich **Fortpflanzungsgemeinschaft**. Das bedeutet, dass sich die Mitglieder einer Art untereinander fortpflanzen können, aber mit Mitgliedern anderer Arten eben nicht. Man sagt auch, dass die Arten untereinander **reproduktiv isoliert** sind.

Arten entstehen und Arten gehen auch wieder unter. Es gibt nur zwei Möglichkeiten, wie eine Art untergehen kann, und zwar kann sie entweder aussterben oder sich in Tochterarten aufteilen. Ein bekanntes Beispiel für das Aussterben von Arten sind die Dinosaurier. Ein Beispiel für die Aufteilung einer Art in Tochterarten folgt später.

Die **Entstehung der Arten** ist demgegenüber viel schwieriger zu erklären. Man kann hier drei Epochen unterscheiden. Ursprünglich glaubten praktisch alle Menschen, dass Gott die Arten so erschaffen hat, wie sie sind. Es gab keine Abstammung und auch keine Entwicklung der Arten.

1859 veröffentlichte dann Darwin sein berühmtes Buch „The Origin of Species by means of Natural Selection" (Die Entstehung der Arten durch natürliche Selektion). In diesem Buch begründete er seine Abstammungstheorie. Die Abstammungstheorie besagt, dass jede Art von einer anderen Art abstammt, und zwar von ihrer Mutterart. Damit schaffte Darwin Gott als den Schöpfer der Arten ab. Das war wirklich eine Revolution in der Weltanschauung.

Darwin hat aber nicht nur die Abstammungstheorie begründet, sondern er hat auch die natürliche Selektion entdeckt. Für Darwin war die natürliche Selektion entscheidend für das Überleben oder den Tod der beobachteten Verschiedenheiten, die Darwin „Varieties" nannte. Heute weiss man, dass die Ursache für Darwin's „Varieties" die Mutationen sind. Mutation und Selektion bewirken zusammen die Evolution. Damit war Darwin auch der Begründer der Evolutionstheorie, ohne sie allerdings so zu nennen.

Nun spielt die Evolution zwar bei der Entstehung der Arten eine wichtige Rolle, sie ist aber nicht die Ursache der Artentstehung, wie Darwin glaubte. Es dauerte dann nochmals ca. 80 Jahre, bis Theodosius Dobzhansky (1937) und Ernst Mayr (1942) die heutige Theorie der Artentstehung begründeten. Diese Theorie heisst **allopatrische** (gr. allos = anders und patris = Heimat) oder geografische **Artentstehung**.

Ich möchte jetzt die allopatrische Artentstehung etwas näher erklären. Ich muss dazu allerdings zuerst noch einen neuen Begriff einführen, nämlich den der **Population**. Eine Population ist eine Gruppe artgleicher Individuen, die in einem geografisch bestimmten Gebiet leben und sich untereinander fortpflanzen. Der Anfang einer allopatrischen Artentstehung besteht nun darin, dass sich eine ganze Art oder eine Population geografisch trennt. In einem solchen Fall entstehen zwei neue Populationen, die sich wegen verschiedenen Evolutionen auseinanderentwickeln. Dabei entstehen Bevölkerungsgruppen (früher Rassen genannt) und dann Unterarten. Bekannt ist z.B. die Entstehung der Bevölkerungsgruppen, als die Menschen vor ca. 200 000 Jahren begannen, sich zuerst in Afrika und dann über die ganze Erde auszubreiten. Die älteste Bevölkerungsgruppe, die man kennt, sind die Khoi-San, die früher Buschmänner und Hottentotten hiessen. Die Khoi-San leben im südlichen Afrika. Dann gibt es aber in Afrika noch die Schwarzen, in Australien die Aborigines, in Amerika die Indianer, in Europa die Weissen usw.

Falls nun die geografische Trennung der Unterarten lange genug dauert, dann kommt irgendwann einmal der Zeitpunkt, in dem sich diese Unterarten so weit auseinanderentwickelt haben, dass sie sich bei einer Begegnung nicht mehr als artgleich erkennen und sich demzufolge auch nicht mehr paaren. In diesem Zeitpunkt sind die Unterarten gemäss unserer Artdefinition neue Arten geworden. Die allopatrische Artentstehung ist damit abgeschlossen.

Zur Illustration der allopatrischen Artentstehung habe ich nun noch in Abb. 1 die Entstehung der 6 Menschenaffenarten eingezeichnet. Dabei gab es allerdings ein grundsätzliches Problem. Man müsste dazu nämlich den genauen Zeitpunkt des Beginns und des Abschlusses der jeweiligen Artentstehungen kennen. Diese genauen Zeitpunkte existieren zwar, sie sind aber in der Regel nicht bekannt.

In dieser Situation habe ich für den Stammbaum in Abb. 1 als Zeitpunkt für die geografische Trennung der beteiligten Populationen willkürlich 2 Millionen Jahre vor der Gegenwart und als Zeitpunkt für die allopatrische Artentstehung 1 Million Jahre vor der Gegenwart gewählt.

Beim Schimpansen habe ich ferner angenommen, dass sich bei der anfänglichen geografischen Trennung der beteiligten Populationen eine kleine Population (im Minimum ein Schimpansen-Männchen und ein Schimpansen-Weibchen) von der Hauptpopulation der Gemeinen Schimpansen abgespalten hat und in Richtung des heutigen Lebensgebietes des Bonobo gewandert ist. Das ist der zentrale Teil des kongolesischen Dschungels, mitten im sog. Kongo-Becken. Vor ca. 1 Million Jahren ist dann aus der abgespaltenen kleinen Population über die Zwischenstufe einer Unterart die neue Art Bonobo entstanden.

Beim Orang-Utan und beim Gorilla habe ich demgegenüber angenommen, dass sich bei der anfänglichen geografischen Trennung die ursprüngliche Art in zwei ungefähr gleich grosse neue Populationen aufgespalten hat. In diesem Falle sind dann vor ebenfalls ca. 1 Million Jahre je zwei neue Arten entstanden. Die beiden Mutterarten sind dann wegen der vollständigen Aufteilung in je 2 Tochterarten untergegangen.

Es gibt im Übrigen noch eine auffällige Parallelität zwischen der allopatrischen Artentstehung und der Entstehung von Sprachen. Auch Sprachen entstehen in der Regel nach einer genügend langen geografischen Trennung von Populationen. Als Beispiele kann man etwa die romanischen Sprachen (Italienisch, Französisch, Spanisch, Portugiesisch usw.) nennen, die alle vom Lateinischen abstammen. Als sprachliche Zwischenstufe auf dem Weg zu einer „richtigen" Sprache entstehen hier die Dialekte. Ich habe die Parallelitäten bzw. Unterschiede zwischen der allopatrischen Artentstehung und der Sprachentstehung in folgender Tabelle zusammengefasst:

	Art	Sprache
Definition	Fortpflanzungsgemeinschaft	Verstehensgemeinschaft
Zwischenstufe	Unterart	Dialekt
Endstufe	Art	Sprache

1.2. Chromosomenzahlen und chromosomale Artentstehung

Die 7 in Abb. 1 in Klammern angegebenen Zahlen (48) und (46) sind die Anzahl Chromosomen der jeweiligen Arten. Ausser dem Menschen haben alle eingezeichneten Arten 48 Chromosomen. Nur der Mensch hat 46 Chromosomen. Da die Chromosomenzahl arttypisch ist, muss irgendwann einmal auf der fett gestrichelt eingezeichneten Homininenlinie eine erste Homininenart mit 46 Chromosomen entstanden sein. Man nennt diesen Vorgang eine **chromosomale Artentstehung**. Die chromosomale Artentstehung und die Entstehung der ersten Homininenart mit 46 Chromosomen werden später in Kapitel 4 behandelt.

1.3. Homininen

Die **Homininen** umfassen alle Arten zwischen dem letzten gemeinsamen Vorfahren von Mensch und Schimpanse und dem Menschen (gestrichelter fetter Pfeil in Abb. 1). Man unterscheidet heute ca. 25 Arten in 6 Gattungen. In Abb. 2 sind die wichtigsten 4 Homininenarten der letzten 1.8 Millionen Jahre dargestellt. Diese Arten sind aber nicht als senkrechte Pfeile wie in Abb. 1 gezeichnet, sondern als Flächen in ihrer geografischen Ausdehnung. Dabei werden 3 geografische Gebiete unterschieden, nämlich in der Mitte Afrika und die Levante, rechts Ost- und Südostasien und links Europa und Westasien.

Der Prozess der allopatrischen Artentstehung wird nicht dargestellt. Lediglich der Zeitpunkt der erfolgten Artentstehung wird durch einen Farbwechsel gekennzeichnet. Danach sind die vier dargestellten Arten zu folgenden Zeiten entstanden: *Homo erectus* vor ca. 2 Millionen Jahren in Afrika, *Homo heidelbergensis* vor 800 000 Jahren in Afrika, *Homo neanderthalensis* vor 300 000 Jahren in Europa/Westasien und *Homo sapiens* vor 200 000 Jahren in Afrika. Diese Zeiten und Orte sind eine von mehreren heute diskutierten Möglichkeiten.

Die drei auf der Spitze stehenden Dreiecke sind eine später hinzugefügte symbolische Darstellung der drei geografisch isolierten Populationen, aus denen in hier willkürlich angenommenen 300 000 Jahren je eine neue Art allopatrisch entstanden ist.

Der Vollständigkeit halber möchte ich hier noch erwähnen, dass es Autoren gibt, für die der *Homo erectus* nur den asiatischen Teil der in Abb. 2 dargestellten Fläche umfasst. Der afrikanische Teil heisst dann *Homo ergaster*. Für uns spielt diese Meinungsverschiedenheit aber weiter keine Rolle mehr. Immerhin habe ich auf S. 29 und in den Abbildungen 19, S. 42 und 20, S. 45 den *Homo ergaster* zusätzlich zum *Homo erectus* als Alternative genannt.

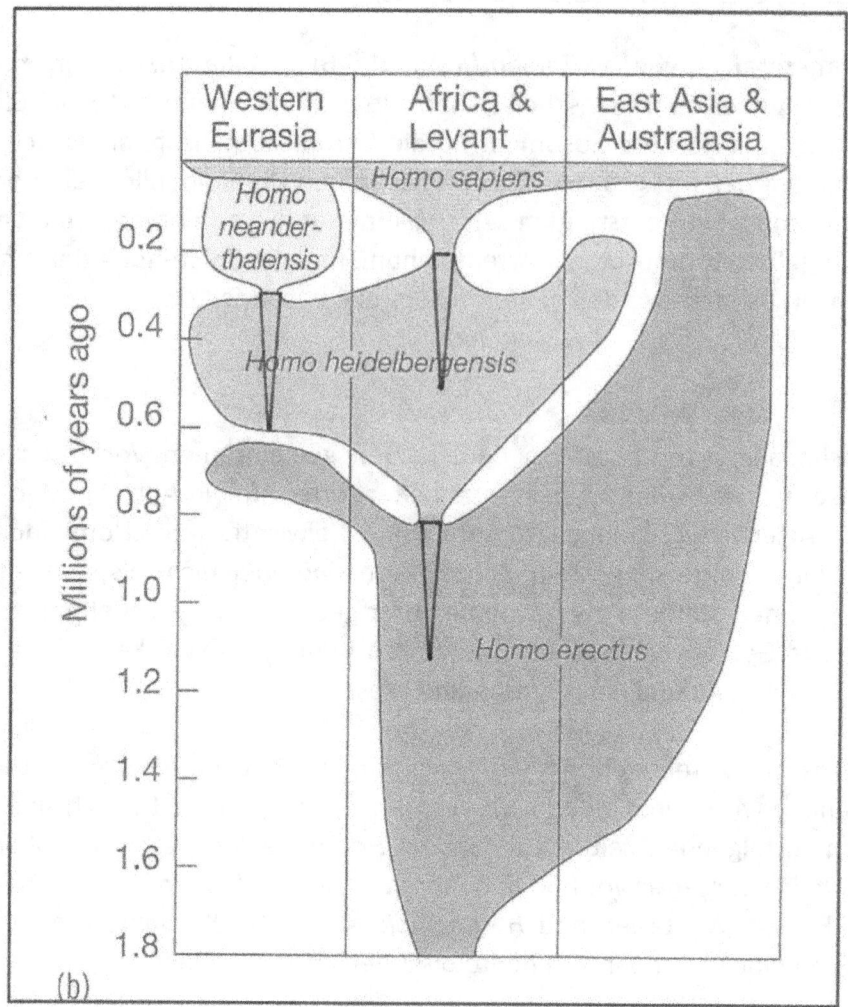

<u>Abb. 2:</u> Stammbaum der Homininenarten der letzten 1.8 Millionen Jahre mit Berücksichtigung der geografischen Ausbreitung der 4 dargestellten Arten, gemäss G. Philip Rightmire von der Binghamton University, New York
<u>Quelle:</u> Robert Boyd & Joan B. Silk, "How Humans Evolved", Seventh Edition 2015, W. W. Norton & Company, Inc., New York ; Seite 325

2. Geschichte des Artbegriffes und der Artentstehung

2.1. Der biblische Artbegriff

Eine der ältesten schriftlichen Erwähnungen des Wortes „Art" stammt aus der Bibel, und zwar aus dem 1. Buch Mose. Ich zitiere dazu auszugsweise zwei Stellen:

<u>Kapitel 1, Vers 24:</u> „Und Gott sprach: Die Erde bringe hervor lebende Wesen: Vieh, kriechende Tiere und Wild des Feldes, ein jegliches nach seiner Art!"
<u>Kapitel 7, Vers 1 und 2:</u> „Und der Herr sprach zu Noah: Gehe in die Arche … . Nimm dir von allen … Tieren … je ein Paar, ein Männchen und ein Weibchen, …"

Der biblische Artbegriff kann aufgrund dieser Zitate wie folgt zusammengefasst werden:
1. Die Arten wurden von Gott erschaffen. Es gab keine Abstammung der Arten und daher auch keine Stammbäume.
2. Die Arten sind geschlechtliche Fortpflanzungsgemeinschaften.

Nicht explizit erwähnt, aber in der Logik dieser Artdefinition liegt noch folgende Ergänzung:

3. Kreuzungen zwischen Arten gibt es in der Regel nicht, wohl aber als Ausnahmen. Die Kinder aus solchen Kreuzungen sind keine Mitglieder einer der beiden elterlichen Arten, sondern gelten als **Hybriden**. Die bekanntesten Hybriden sind Maulesel und Maultiere, beides Kreuzungen zwischen Pferd und Esel.

Die biblische Artdefinition blieb während über 2000 Jahren, nämlich bis zu Darwin, unbestritten. Auch die grössten naturwissenschaftlichen Genies, wie Kopernikus, Galilei und Newton, zweifelten insbesondere nicht an der göttlichen Schöpfung der Arten.

2.2. Linné

Bevor ich aber auf Darwin zu sprechen komme, muss ich noch kurz den schwedischen Arzt und Naturwissenschaftler Carl von Linné (1707-1778) erwähnen. Das Hauptwerk von Linné ist ein mehrbändiges Buch mit dem Titel „Systema Naturae". Das Buch ist lateinisch geschrieben und Linné nennt sich dort „Carolus Linnaeus". Die 1. Auflage erschien schon 1735, aber erst die 10. Auflage von 1758 brachte den wissenschaftlichen Durchbruch. Später wurde durch Beschluss der Zoologen diese 10. Auflage mit dem auf den 1. Januar 1758 festgelegten Erscheinungsdatum offiziell als Beginn der modernen zoologischen Systematik und Nomenklatur erklärt.

Linné hat in seinem Buch alle damals bekannten Tier- und Pflanzenarten sowie die Steinsorten beschrieben, klassiert und benannt. Zuoberst teilte er die Natur in drei Reiche ein, und zwar in das Tierreich, das Pflanzenreich und das Reich der Steine. Für Linné war es völlig klar, dass alle Tiere, Pflanzen und Steine von Gott so erschaffen wurden, wie sie zu seiner Zeit waren. Der Gedanke einer Abstammung und einer Evolution war ihm völlig fremd. Wenn man heute den Anfang des Buches „Systema Naturae" im Original liest, dann fällt auf, dass sich Linné in den ersten ca. 10 Seiten mit Lobpreisungen Gottes als Schöpfer geradezu überschlägt. Was für ein Unterschied zu den heutigen wissenschaftlichen Werken!

Linné hat für seine Klassierungen 5 systematische Kategorien eingeführt. Ich gebe in Tab. 1 diese Kategorien und die Klassierungen des *Homo sapiens* auf Deutsch und auf Lateinisch wieder. Interessant ist, dass alle diese Kategorien und Klassierungen im Wesentlichen heute noch gültig sind.

Eine besondere Erwähnung verdient ferner die Benennung der Arten nach Linné. Die Artnamen sind nämlich lateinisch und zweiteilig, wobei der erste Teil der Gattungsname ist (*Homo*). Der zweite Teil (*sapiens*) ist ein artspezifischer Zusatz. Diese Art und Weise der Artbenennungen heisst heute **binäre Nomenklatur** und hat sich durchgesetzt. Ferner werden die lateinischen Artnamen in der Regel *kursiv* geschrieben.

Systematische Kategorie	Klassierung des *Homo sapiens*
Reich (Regnum)	Tierreich (Regnum animale)
Klasse (Classis)	Säugetiere (Mammalia)
Ordnung (Ordo)	Primaten, Herrentiere (Primates)
Gattung (Genus)	Gattung Mensch (Homo)
Art (Species)	Art Mensch (*Homo sapiens*)

Tab. 1: Die Klassierung des *Homo sapiens* gemäss Linné (in Klammern: lateinisch) aus: „Systema Naturae", Stockholm, 1758

2.3. Darwin

Charles Darwin lebte 1809 bis 1882 in England. Im Alter von 23 Jahren konnte er als naturwissenschaftlicher Begleiter an einer fast 5 Jahre dauernden Schiffsreise auf der Beagle rund um die Welt teilnehmen. Diese Reise war das Schlüsselerlebnis und die Grundlage für sein späteres Werk. Ich habe in Abb. 3, S. 14 das Titelblatt der 1. Auflage von Darwins Hauptwerk „ON THE ORIGIN OF SPECIES" wiedergegeben. Das anfängliche „ON" hat Darwin dann in den späteren Auflagen weggelassen. Der vollständige Titel von Darwins Hauptwerk lautet in deutscher Übersetzung: „Über die Entstehung der Arten durch natürliche Selektion, oder die Erhaltung von bevorzugten Rassen im Lebenskampf." In seinem Hauptwerk hat Darwin sowohl die Abstammungstheorie als auch die Evolutionstheorie begründet.

Die Abstammungstheorie bedeutet, dass jede Art von einer anderen Art abstammt. Diese Abstammungsreihe nimmt allerdings bei der allerersten Art, der sog. Urzelle, die den Beginn des Lebens auf der Erde bedeutet, ein natürliches Ende, denn die allererste Art kann ja nicht mehr von einer anderen Art abstammen. Interessant ist, dass sich Darwin dieser Tatsache durchaus bewusst war. Der berühmt gewordene letzte Satz seines Werkes lautet nämlich in deutscher Übersetzung:

„Es ist etwas Erhabenes in der Auffassung, dass das Leben mit seinen mannigfachen Fähigkeiten ursprünglich nur wenigen oder nur einer einzigen Form eingehaucht wurde und dass, während sich dieser Planet nach den unabänderlichen Gesetzen der Schwerkraft im Kreis bewegt, aus einem so schlichten Anfang eine unendliche Zahl der schönsten und wunderbarsten Formen entstand und noch weiter entsteht."

Es ist klar, dass das, was Darwin „nur eine einzige Form" nennt, heute als Urzelle bezeichnet wird. Interessant ist ferner, dass Darwin in seinem letzten Satz das Passiv gewählt hat (das Leben wurde eingehaucht). Er vermied damit zu sagen, wer das Leben eingehaucht hat.

Die Wissenschaft ist heute übrigens in der Frage nach der Entstehung des Lebens nicht viel weiter als Darwin vor 155 Jahren. Wir haben auch heute noch keine Erklärung, wie das Leben entstanden ist. Vielmehr gilt immer noch der alte lateinische Spruch „Omne vivum ex vivo" oder auf Deutsch „Alles Lebendige stammt von etwas Lebendigem ab". Solange man die Entstehung einer neuen lebendigen Urzelle weder in freier Natur beobachten noch im Labor nachmachen kann, bleibt die Entstehung des Lebens ein ungelöstes Rätsel und vielleicht auch ein sehr unwahrscheinlicher Vorgang. Der Optimismus von vielen Weltraumforschern (nicht-Biologen), dass es in unserer Milchstrasse sehr viele belebte Planeten gibt, ist daher aus biologischer Sicht zum Mindesten gewagt.

Die zentrale Aussage der Abstammungstheorie lautet, dass jede Art von einer anderen Art abstammt. Wie revolutionär diese Idee war, kann man ermessen, wenn man bedenkt, dass die Abstammungstheorie nichts weniger postuliert, als die Abschaffung Gottes als den Schöpfer der Arten (mit Ausnahme der Urzelle). Es ist daher kein Wunder, dass die Abstammungstheorie auch heute noch von vielen biblisch orientierten Menschen, den sog. Kreationisten, abgelehnt wird. Trotzdem ist die Beweislage für die Abstammungstheorie aber dermassen klar und überwältigend, dass heute kein ernsthafter Wissenschaftler mehr an ihr zweifelt.

Man muss der historischen Ehrlichkeit halber noch sagen, dass Darwin zu seiner Zeit nicht der Einzige war, der auf die Idee gekommen ist, die Arten könnten voneinander abstammen. Etwa gleichzeitig mit Darwin hat noch ein anderer englischer Naturforscher, nämlich Alfred Russel Wallace (1823-1913), ganz ähnliche Gedanken entwickelt und diese Gedanken Darwin in einem Brief mitgeteilt. Dieser Brief aus dem Jahre 1858 hat Darwin dermassen erschreckt, dass er alles daransetzte, sein eigenes Buch möglichst schnell zu veröffentlichen, was ihm dann ja auch gelang. Darwin hat damit den ganzen Ruhm und die ganze Anerkennung für seine Abstammungstheorie eingeheimst. Er hat aber immer anerkannt, dass Alfred Russel Wallace gleichzeitig mit ihm ganz ähnliche Gedanken entwickelt hat.

ON

THE ORIGIN OF SPECIES

BY MEANS OF NATURAL SELECTION,

OR THE

PRESERVATION OF FAVOURED RACES IN THE STRUGGLE
FOR LIFE.

By CHARLES DARWIN, M.A.,
FELLOW OF THE ROYAL, GEOLOGICAL, LINNÆAN, ETC., SOCIETIES;
AUTHOR OF 'JOURNAL OF RESEARCHES DURING H. M. S. BEAGLE'S VOYAGE
ROUND THE WORLD.'

LONDON:
JOHN MURRAY, ALBEMARLE STREET.
1859.

The right of Translation is reserved.

Abb. 3: Titelblatt der 1. Auflage von Darwins „ON THE ORIGIN OF SPECIES"

3. Chromosomen und DNA-Molekül

3.1. Chromosomen, DNA-Molekül und Zellzyklus

Der deutsche Biologe und Zellforscher Walther Flemming war wahrscheinlich der erste Mensch, der Chromosomen unter dem Lichtmikroskop sah, zeichnete und veröffentlichte. Sein Buch „Zellsubstanz, Kern und Zelltheilung" erschien im Jahre 1882. Abb. 4 ist die Zeichnung einer aufgeschnittenen tierischen Speicheldrüsenzelle aus diesem Buch. Die Chromosomen sind die wurmartigen Gebilde im Zellkern. Flemming nannte die Chromosomen allerdings noch nicht so, sondern „Fadenknäuel". Das Wort „Chromosom" wurde erst sechs Jahre später, im Jahre 1888, vom deutschen Arzt Heinrich Wilhelm Waldeyer eingeführt (gr. chroma = Farbe, soma = Körper). Die Chromosomen liessen sich nämlich mit Anilinfarben anfärben.

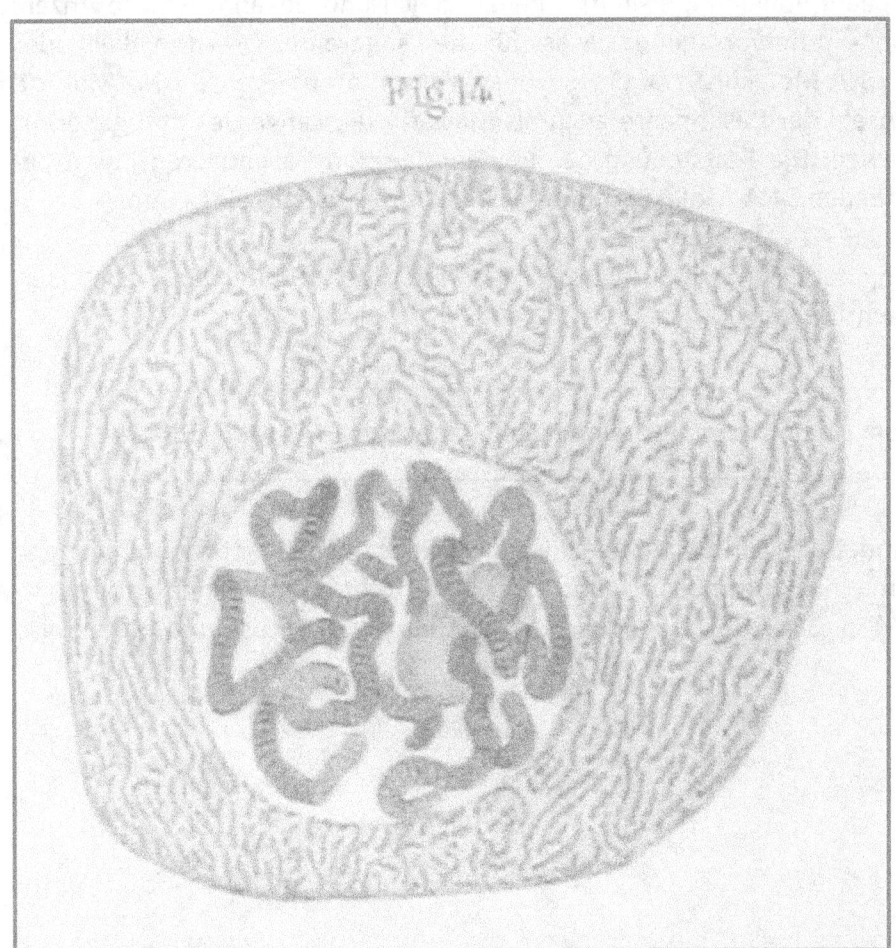

Abb. 4: Zeichnung aus Walther Flemmings Buch: „Zellsubstanz, Kern und Zelltheilung", 1882
Quelle: http://commons.wikimedia.org/wiki/File:Flemming1882Tafel1Fig14.jpg?uselang=de oder über Wikipedia-Artikel „Walther Flemming", am Schluss unter Weblinks „Flemmings Hauptwerk: Zellsubstanz, Kern und Zelltheilung, 1882, Originaltext als PDF: http://www.dietzellab.de/goodies/history/" anklicken.

Im Jahre 1953 wurde die Struktur des DNA-Moleküls vom Amerikaner James D. Watson und vom Engländer Francis Crick am Cavendish-Laboratorium der Universität von Camebridge, England, entschlüsselt. Abb. 5 ist eine geringfügig erweiterte Zeichnung der DNA-Struktur aus der Originalpublikation von Watson und Crick. Die erweiterte Zeichnung stammt aus dem Buch „The Double Helix", das Watson im Jahre 1968 schrieb. Abb. 6 zeigt das gleiche DNA-Teilstück in Leiterform statt als Doppelhelix. Jedes der beiden Zucker-Phosphat-Rückgrate der Wendeltreppe (vgl. Erklärung in Abb. 5) ist ein Leiterholm.

Ich muss hier noch kurz auf die 4 Buchstaben in den Abbildungen des DNA-Moleküls eingehen. Diese 4 Buchstaben kommen nur paarweise vor, und zwar in den 4 Paaren A⋯T, T⋯A, C⋯G und G⋯C. Die Buchstaben heissen **Basen** und die Buchstabenpaare Basenpaare. Ich werde die Basen und die Basenpaare hier nicht näher beschreiben. Wichtig ist lediglich, dass der Abstand der Basenpaare voneinander immer genau gleich und bekannt ist. Die Anzahl der Basenpaare ist daher ein hervorragendes Mass für die Länge eines DNA-Moleküls oder eines Teilstückes eines DNA-Moleküls, z.B. eines Gens. Wenn man das ganze DNA-Molekül meint, kann man die Anzahl der Basenpaare auch als Mass für die Länge des dazugehörenden Chromosoms brauchen. Die Feststellung der Reihenfolge von Basenpaaren heisst Sequenzierung des betreffenden DNA-Moleküls oder Teilstückes davon, z.B. eines Gens.

Nach der Entschlüsselung der DNA-Struktur wurde gegen Ende der 1950-er Jahre auch klar, was ein Chromosom eigentlich ist.

> Ein Chromosom ist ein in eine Proteinhülle eingepacktes DNA-Molekül.

Genau genommen befindet sich ein DNA-Molekül nur in einem ganz kurzen Abschnitt des Zellzyklusses in der Form eines Chromosoms, und zwar in der Metaphase, einer Unterphase der Mitose (Horn (2015), p. 281-282). Die Erklärung von Zellzyklus, Mitose und Metaphase folgt anschliessend.

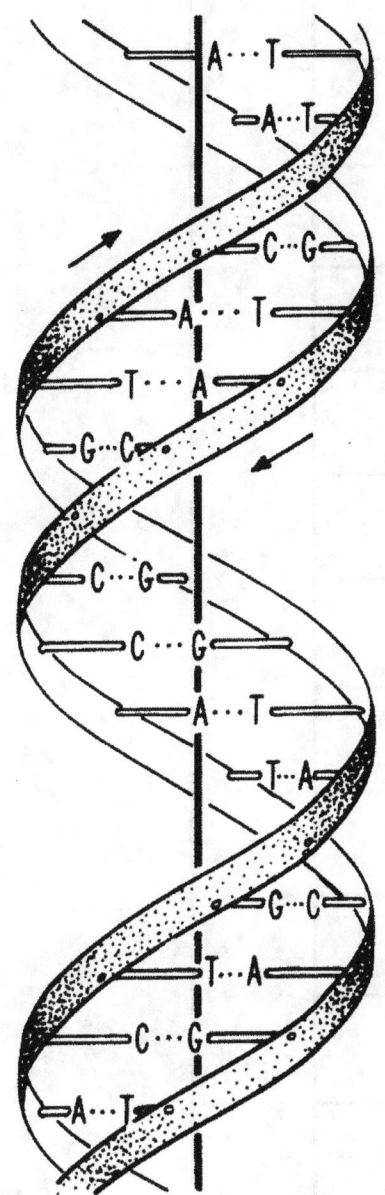

Eine schematische Darstellung der Doppelhelix. Die beiden Zucker-Phosphat-Rückgrate schlingen sich auf der Außenseite um die flachen wasserstoffgebundenen Basenpaare, die den Kern bilden. So betrachtet gleicht die Struktur einer Wendeltreppe, deren Stufen durch die Basenpaare gebildet werden.

<u>Abb. 5:</u> DNA-Doppelhelix
<u>Quelle:</u> James D. Watson: „Die Doppelhelix", Seite 181

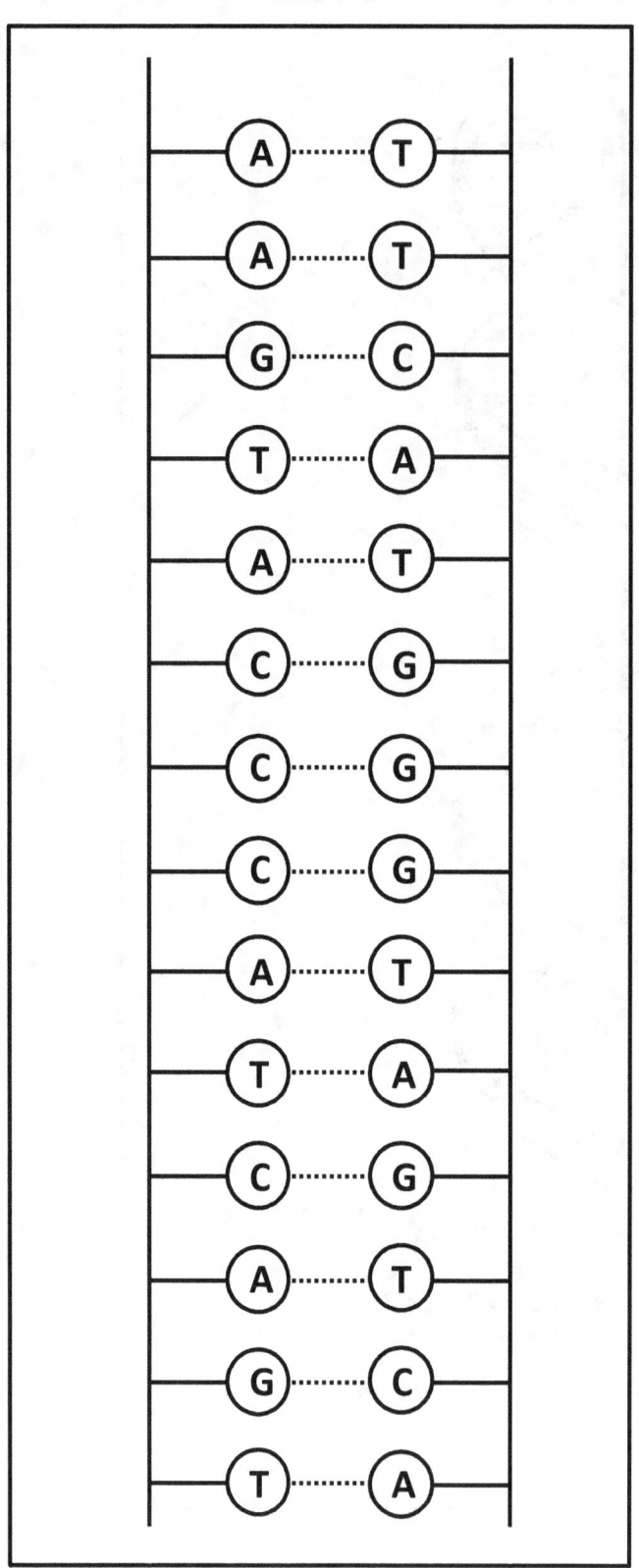

Abb. 6: DNA-Molekül aus Abb. 5 in Leiterform

Abb. 7 ist eine schematische Darstellung des sog. Zellzyklusses. Der Kreis muss im Uhrzeigersinn gelesen werden, mit Beginn und Ende um 12 Uhr. Ich werde den Zellzyklus hier nur in groben Zügen erklären. Eine Zelle vermehrt sich, ganz ähnlich wie ein Bakterium, durch Zellteilungen. Die Zeit von Zellteilung zu Zellteilung heisst **Zellzyklus**. Der Zellzyklus beginnt mit der G1-Phase. In dieser Phase erfüllt die Zelle ihre Aufgaben je nach ihrem Typ, z.B. Muskelzellen, Knochenzellen, Blutzellen usw.

In der S-Phase verdoppelt die Zelle ihre DNA-Moleküle. Ich werde hier diese Verdoppelung oder Replikation nicht im Einzelnen erklären, sondern nur festhalten, dass am Schluss der S-Phase jedes Chromosom zwei identische DNA-Moleküle enthält. Identisch bedeutet gleiche Länge und gleiche Basensequenz. Jedes dieser zwei verdoppelten identischen DNA-Moleküle mit seiner Protein-Verpackung heisst eine Chromatide. Für eine kurze Zeit, nämlich in der G2-Phase vom Ende der DNA-Verdoppelung (S-Phase) bis zur Zellteilung (M-Phase), besteht ein Chromosom daher aus zwei Chromatiden.

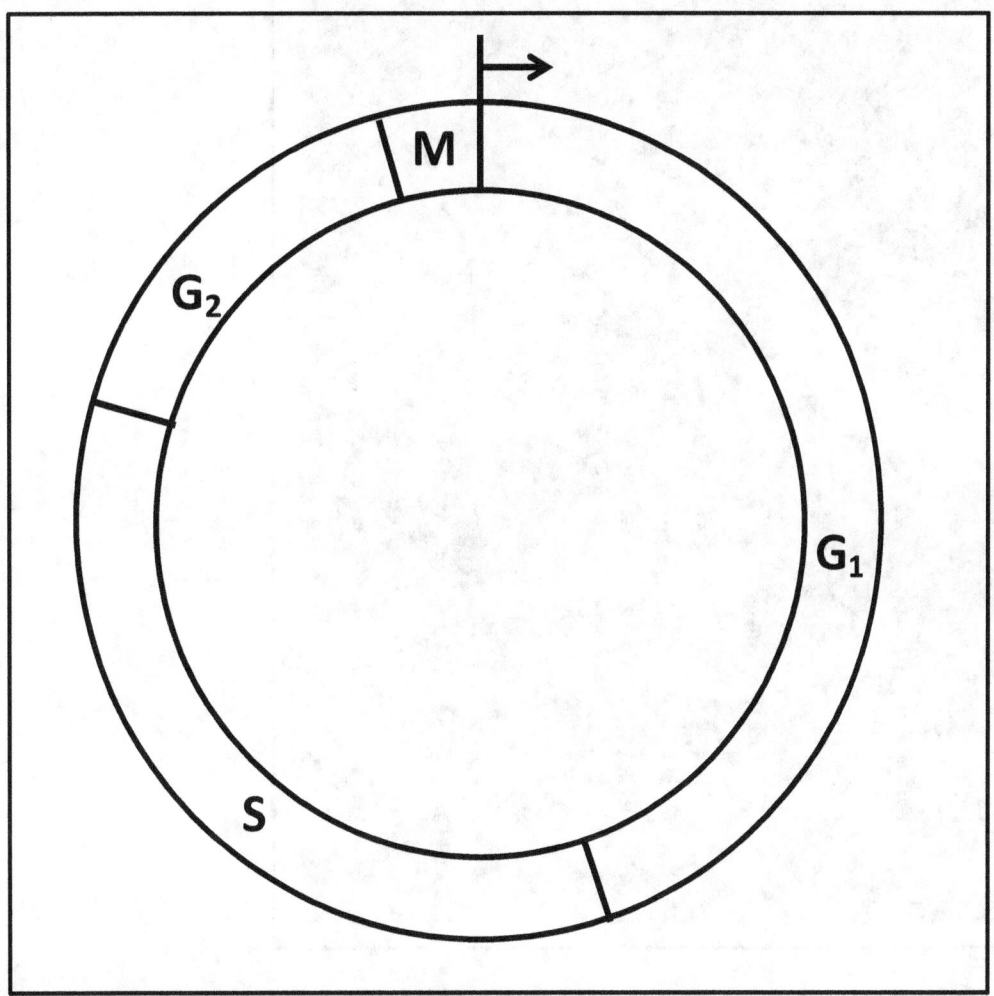

Abb. 7: Zellzyklus von eukaryotischen Zellen
Bedeutung der Buchstaben:
G = Gap (engl. Lücke); S = Synthese (DNA-Verdoppelung oder Replikation);
M = Mitose (Zellteilung)

Abb. 8 ist eine wunderschöne elektronenmikroskopische Aufnahme von einigen 2-Chromatiden-Chromosomen des Menschen. Man sieht sehr deutlich die beiden längs aneinanderliegenden Chromatiden. Ferner sieht man noch bei jedem 2-Chromatiden-Chromosom eine Einschnürung. Diese Einschnürung heisst **Centromer** (gr. meros = Teil; C*e*ntromer = zentraler Teil eines Chromosoms). Ich werde das Centromer hier nicht mehr näher erklären.

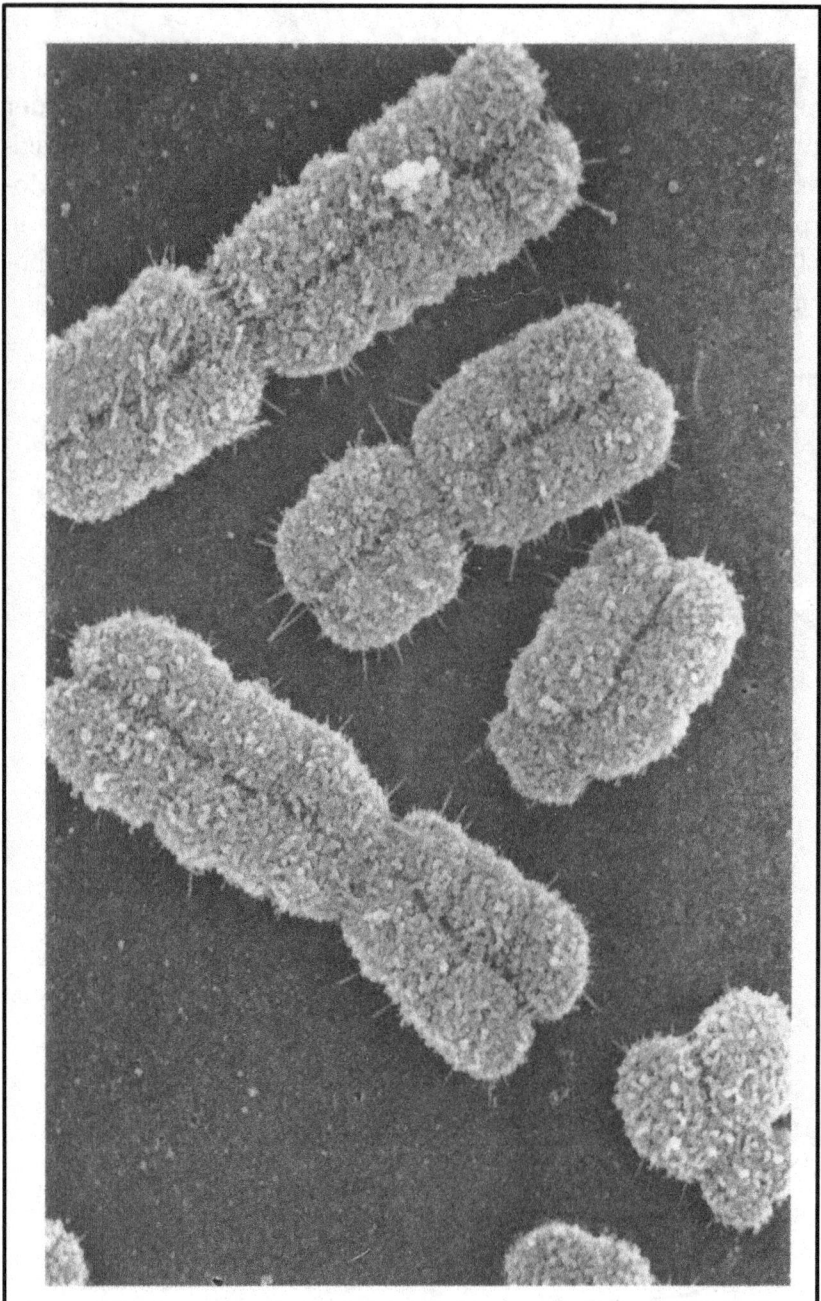

Abb. 8: Rasterelektronenmikroskopische Aufnahme von Metaphase-Chromosomen des Menschen (Metaphase = Unterphase der Mitose)
Quelle: Bruce Alberts et al., Molekularbiologie der Zelle, Dritte Auflage 1995, VCH Verlagsgesellschaft mbH, D-69451 Weinheim; Seite 223
Aufnahme von Terry N. Allen

3.2. Chromosomen (Fortsetzung)

Nach der Entschlüsselung der Struktur des DNA-Moleküls durch Watson und Crick begann eine intensive Forschungstätigkeit auf dem Gebiete der Chromosomen und der DNA. Ich werde im Folgenden 4 der wichtigsten dieser Entdeckungen, nämlich Anzahl, Bandenmuster, Karyogramm und Basensequenz, etwas näher beschreiben.

3.2.1. Die Anzahl, Länge und Form der menschlichen Chromosomen

Bis Ende 1955 kannte man die Anzahl der Chromosomen in den menschlichen Zellkernen nicht. Man nahm vielmehr an, dass diese Zahl wie bei den grossen Menschenaffen 48 war. Ende 1955 gelang dann aber Joe Hin Tjio (ausgesprochen Tschi-oh) und Albert Levan die Entdeckung, dass die richtige Zahl 46 war.

Tjio wurde 1919 von chinesischen Eltern in Java geboren. Java gehörte damals zu Niederländisch Indien. Tjio wuchs dort auf und studierte Agronomie. 1942 wurde Java von den Japanern erobert und bis 1945 gehalten. Tjio wurde in dieser Zeit in einem japanischen Konzentrationslager gefangen gehalten.

Nach seiner Befreiung ging Tjio in die Niederlande und bekam ein staatliches Stipendium für weitere Studien in Europa. Er arbeitete in Dänemark, Spanien und Schweden auf dem Gebiete der Pflanzenzüchtung. Im Sommer und in den Ferien war er in Schweden und arbeitete bei Professor Albert Levan am Institut für Genetik der Universität Lund. Dort entwickelten Tjio und Levan eine fortgeschrittene Technik, um Chromosomen von menschlichem embryonalem Lungengewebe unter dem Mikroskop zu studieren. Die Embryos stammten von legalen Abtreibungen. Zu ihrem grossen Erstaunen stellten Tjio und Levan dabei fest, dass die Chromosomenzahl 46 ist. Am 26. Januar 1956 haben dann Tjio und Levan ihren Artikel für die Zeitschrift Hereditas geschrieben.

Man kann diesen Artikel sehr leicht im Internet herunterladen, z.B.:
- im Google „Hereditas" eingeben, dann anklicken:
- Hereditas - Wiley Online Library
- See all
- 1956 - Volume 42 Hereditas
- Volume 42, Issue 1-2, Pages i-i, 1-262, May 1956
- THE CHROMOSOME NUMBER OF MAN (pages 1-6)
- Get PDF (350 K)
- Es erscheint der Artikel.

Im Zellkern schwimmen die Chromosomen meistens ungeordnet herum (vgl. Abb. 4, S. 15). Tjio und Levan konnten nun diese ungeordnet herumschwimmenden Chromosomen unter dem Mikroskop fotografieren und einzeln ausschneiden. Dann versuchten sie, diese Chromosomenbilder irgendwie zu ordnen. Das war damals gar nicht so einfach, weil es eigentlich nur 2 Merkmale gab, in denen sich die Chromosomen sichtbar unterschieden. Das eine war die Länge jedes Chromosoms und das andere war die Position des Centromers (vgl. Abb. 8, S. 20). Trotzdem gelang es Tjio und Levan, eine gewisse Ordnung herzustellen. Im Artikel sind 4 solche geordnete Chromosomenbilder veröffentlicht, die mit a-d bezeichnet sind. In der folgenden Abb. 8.1. ist das Bild c wiedergegeben:

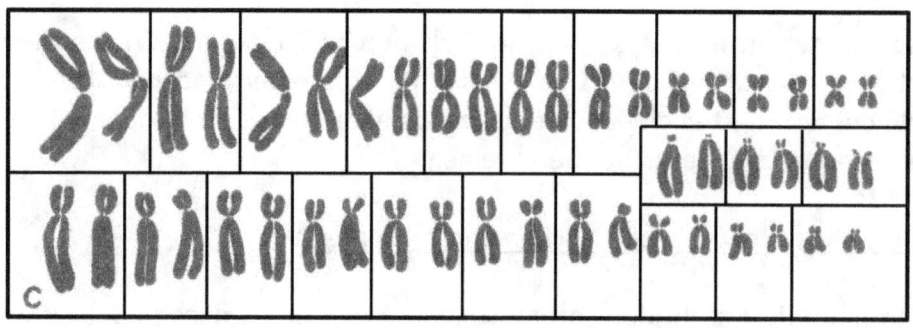

Abb. 8.1.: 46 Metaphase-Chromosomen (Bild c) aus dem Artikel von Tjio und Levan

Die Striche zur Einteilung in 3 Reihen und in 23 Felder stammen von mir und dienen nur der leichteren Orientierung. Die Einteilung der 46 Chromosomenbilder in 3 Reihen und die Reihenfolge der Chromosomenbilder in jeder Reihe stammen aber von Tjio und Levan. Ebenfalls zur leichteren Orientierung habe ich in folgender gleichgebauten Tabelle die heutigen Chromosomennummern gemäss der Abb. 9, S. 23 hineingeschrieben.

1	2	3	6	7	X	11	16	19	20	M-Chromosomen
							13	14	15	T-Chromosomen
4	5	8	9	10	12	17	18	22	21	S-Chromosomen

Erklärung von M, T und S: Verhältnis langer : kurzer Chromosomenarm
                                        (aus Abb. 9, S. 23)

M = <u>M</u>edian-Submedian-Centromer   1.0 - 1.4
T = <u>t</u>erminales Centromer   3.6 und grösser
S = <u>s</u>ubterminales Centromer   1.5 - 3.5

Zum Beispiel ist die Länge des unteren Chromosomenarms von Chromosom 1 in der Abb. 9 = 4.1 cm, und die Länge des oberen Chromosomenarms = 4.0 cm. 4.1 : 4.0 = 1.025. Daher ist das Chromosom 1 ein M-Chromosom mit einem Median-Submedian-Centromer. Ferner sieht man, dass der Embryo ein weiblicher Embryo war, da das X-Chromosom 2 x vorkommt.

Tjio und Levan konnten feststellen, dass alle Chromosomen mit zwei Ausnahmen (X und Y bei Männern) paarweise vorkamen. Später nummerierte man diese paarweise vorkommenden Chromosomen entsprechend ihrer Länge von 1-22 (heute weiss man, dass das Chromosom 21 kürzer ist als das Chromosom 22). Die 2 übrigen Chromosomen nannte man X und Y. Man stellte fest, dass alle weiblichen Menschen zwei X-Chromosomen haben und alle männlichen Menschen ein X und ein Y. Da die Chromosomen X und Y offensichtlich geschlechtsbestimmend waren, nannte man sie Geschlechtschromosomen (vgl. Abb. 10, S. 24). Diese Tatsachen waren Ende der 1950-er Jahre allgemein bekannt und akzeptiert.

3.2.2. Die Bandenmuster der Chromosomen

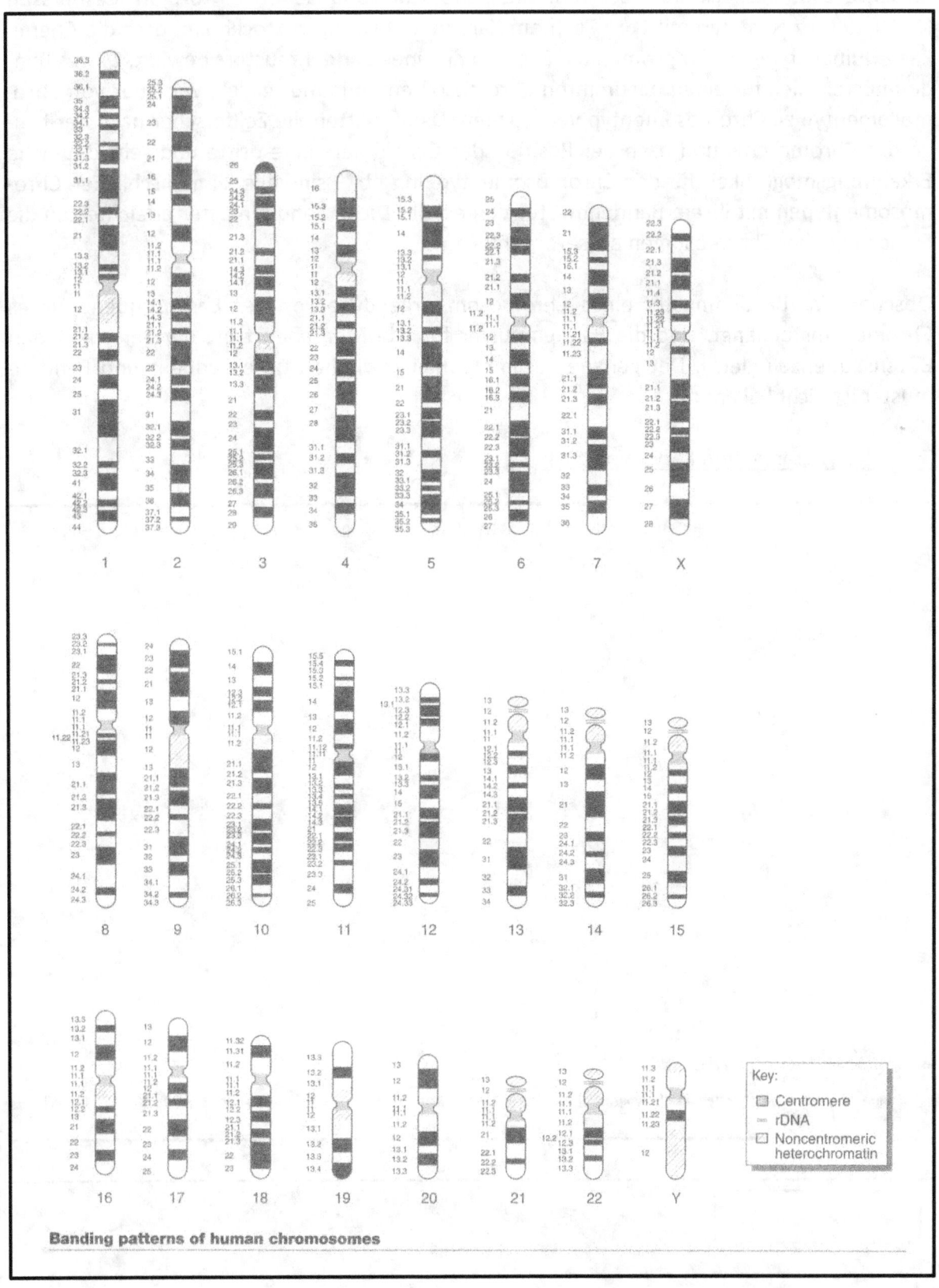

Abb. 9: Die Bandenmuster aller 24 menschlichen Chromosomentypen (das X befindet sich seiner Grösse entsprechend zwischen 7 und 8)
Quelle: Strachan/Read: Human Molecular Genetics; hinteres Deckblatt

Im Jahre 1969 entdeckte der schwedische Zellforscher und Genetiker Torbjörn Caspersson (1910-1997) zusammen mit Lore Zech am Karolinska Institut in Stockholm, dass die Chemikalie Quinacrin bei Chromosomen die Entstehung eines **Bandenmusters** bewirkt. Dieses Bandenmuster blieb für einen bestimmten Chromosomentyp immer gleich, war aber von Chromosomentyp zu Chromosomentyp verschieden. Damit hatten die Zellforscher nach der Länge des Chromosoms und nach der Position des Centromers eine dritte und sehr deutliche Erkennungsmöglichkeit für den Chromosomentyp. In Abb. 9 sind alle 24 menschlichen Chromosomentypen mit ihrem Bandenmuster dargestellt. Diese Bandenmuster erleichterten die Forschung über Chromosomen ausserordentlich.

Obschon das Bandenmuster eines Chromosoms irgendwie von der Basensequenz dieses Chromosoms abhängt, sind die Bandenmuster für alle Menschen trotz der verschiedenen Basensequenzen gleich. Der genaue Zusammenhang zwischen Basensequenz und Bandenmuster ist nicht bekannt.

3.2.3. Karyogramm und Karyotyp

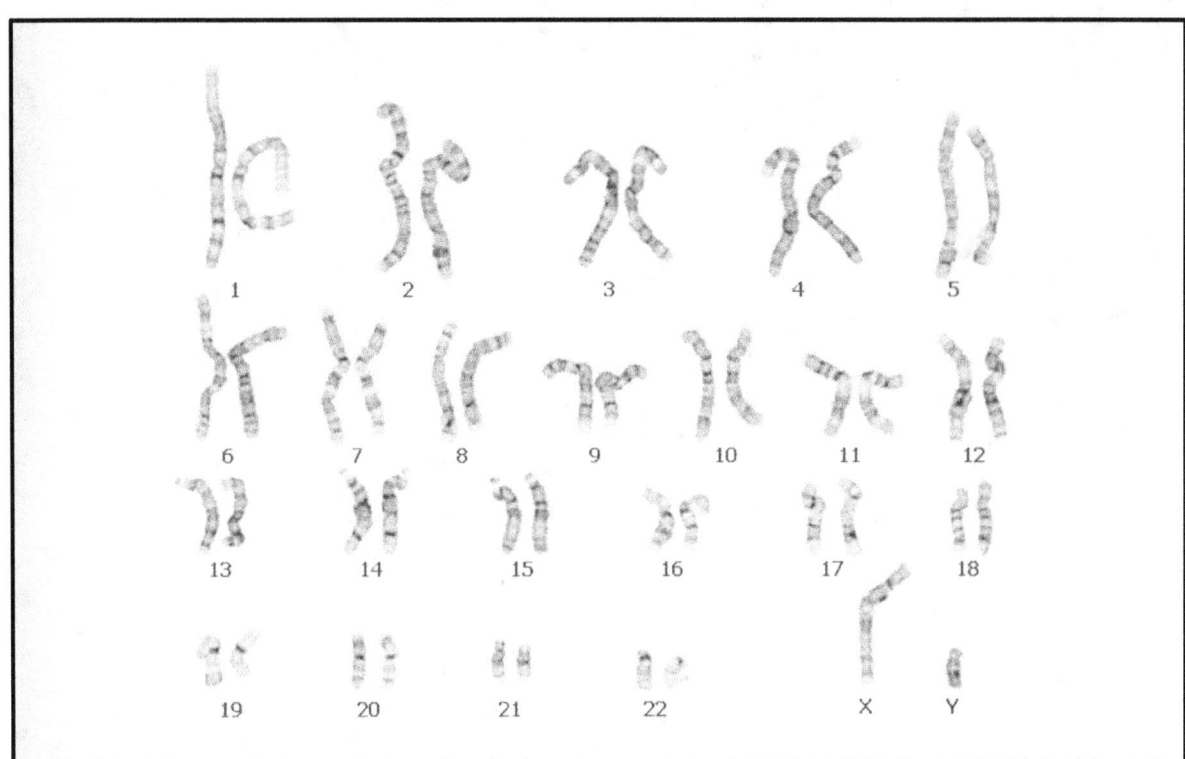

Figure 2.14. G-banded prometaphase karyogram of mitotic chromosomes from lymphocytes of a normal male at between 550 and 850 bands per haploid set.

Karyotyp = **46,XY**

<u>Abb. 10:</u> Karyogramm und Karyotyp eines Mannes
<u>Quelle:</u> Tom Strachan, Andrew P. Read, „Human molecular genetics", Garland Science, London and New York, Third Edition 2004, p. 47

Abb. 10 ist das **Karyogramm** eines chromosomal normalen Mannes. Ein Karyogramm ist eine Weiterentwicklung der ersten geordneten Darstellungen von Chromosomen bei der Entdeckung der richtigen Anzahl Chromosomen im Jahre 1956. Damals mussten Tjio und Levan die mikroskopischen Bilder der Chromosomen noch fotografieren, ausschneiden und manuell ordnen. Heute kann man die mikroskopischen Bilder der Chromosomen fotografieren und in einen Computer einlesen. Anschliessend ordnet ein Computerprogramm die fotografierten Chromosomenbilder und erstellt daraus ein Karyogramm. Das fertige Karyogramm erscheint auf dem Bildschirm eines Computers und kann beliebig weiterverwendet werden.

Der unter dem obigen Karyogramm angegebene **Karyotyp** (46,XY) ist eine abgekürzte Schreibweise des Karyogramms. Der Karyotyp bedeutet in diesem Falle nichts anderes, als dass der dazugehörende Mensch 46 Chromosomen hat und männlich ist. Die Regeln für die Schreibung eines Karyotyps sind international festgelegt. Dort ist insbesondere die Darstellungsart von chromosomalen Abnormalitäten geregelt. In Tab. 2 sind zwei Beispiele dargestellt:

Frau mit einer Robertson-Translokation der beiden Chromosomen 13 und 14:	45,XX,rob(13;14)
Mann mit einer Trisomie 21:	47,XY,+21

Tab. 2: Darstellung von chromosomalen Abnormalitäten in einem Karyotyp

3.2.4. Zellulärer Ablauf einer Befruchtung beim Menschen

Bei einer Befruchtung beim Menschen verschmelzen eine väterliche Samenzelle und eine mütterliche Eizelle zur ersten Zelle des neu entstehenden Menschen. Diese Zelle heisst **Zygote**. Die Samenzelle und die Eizelle heissen geschlechtsneutral auch **Gameten**. Damit nun der neu entstehende Mensch die gleiche Chromosomenzahl hat wie seine Eltern, d.h. 46, müssen die Gameten je 23 Chromosomen enthalten. Die Produktion der Gameten erfolgt in einem komplizierten Vorgang, der **Meiose** heisst. Eine der Hauptaufgaben der Meiose ist daher die Halbierung der Chromosomenzahl von 46 auf 23. Die Meiose erfolgt in den Keimdrüsen, das sind beim Mann die Hoden und bei der Frau die Eierstöcke.

In Abb. 11 ist ein stark vereinfachter zellulärer Ablauf der Befruchtung beim Menschen dargestellt. Die Meiose, die in Wirklichkeit ein sehr komplizierter Vorgang ist, ist in dieser Abbildung auf ihre Hauptaufgabe reduziert, nämlich auf die Halbierung der Chromosomenzahl. Dabei muss von jedem doppelt vorhandenen Chromosomentyp genau 1 Exemplar in jede der beiden entstehenden Gameten gelangen. Zusätzlich muss bei Männern von den beiden Geschlechtschromosomen X und Y je 1 Geschlechtschromosom in die beiden entstehenden Samenzellen gelangen.

Diese reduzierte Meiose wird in der Abbildung als „vereinfachte Meiose" bezeichnet. Die Anfangszelle der Meiose heisst in der Abbildung „unreife Keimzelle". Die Gameten heissen demgegenüber auch „reife Keimzellen". Die Meiose wird daher auf Deutsch hie und da auch „Reifeteilung" genannt.

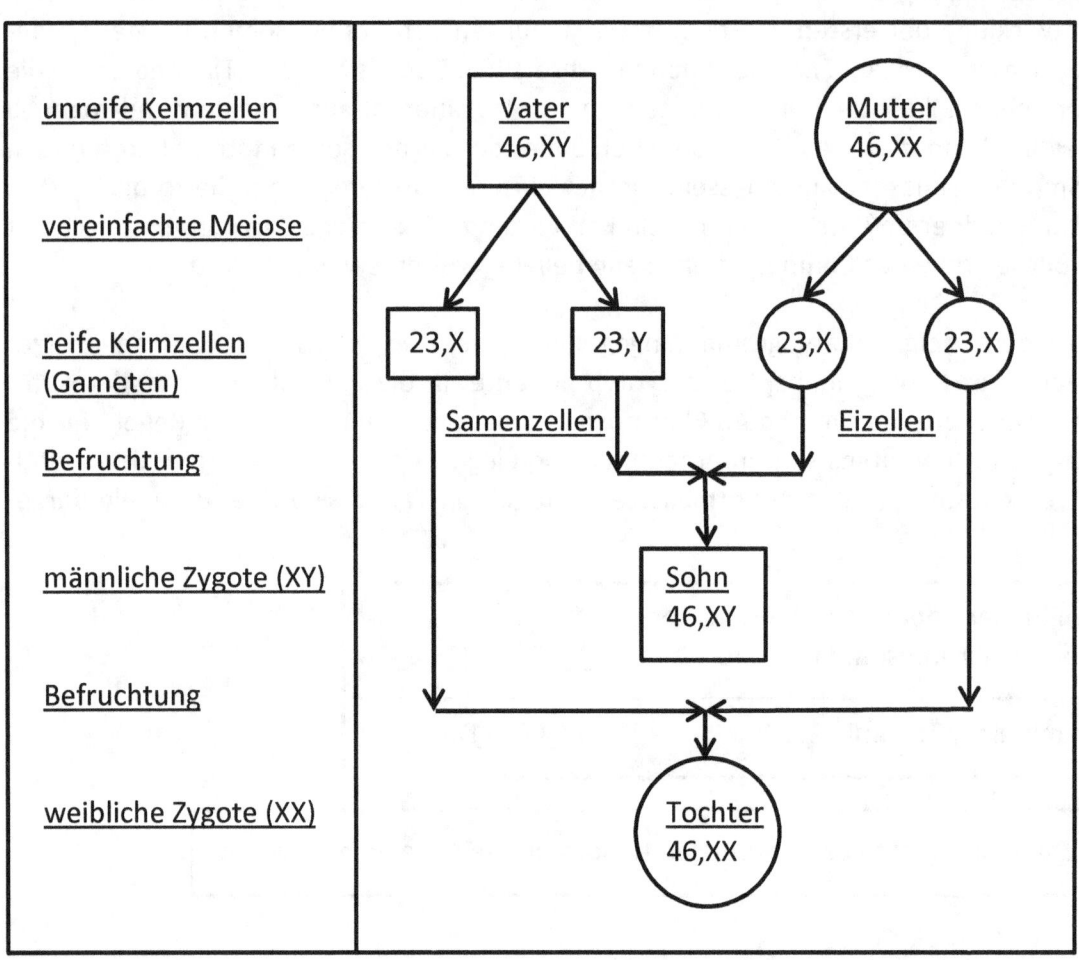

Abb. 11: Der zelluläre Ablauf einer Befruchtung beim Menschen

Jetzt wird auch der folgende Grundsatz klar: Alle chromosomal gesunden Individuen einer Art haben die gleiche gerade Chromosomenzahl. Die Chromosomenzahl ist daher arttypisch, beim *Homo sapiens* z.B. 46. Bei einer allopatrischen Artentstehung ändert sich diese arttypische Chromosomenzahl nicht, wohl aber bei einer chromosomalen Artentstehung.

3.2.5. Die DNA-Sequenzierung

Seit ca. 1977 ist es möglich, die Basensequenzen von DNA-Molekülen festzustellen. Ich will hier nicht weiter auf die sehr spannende Geschichte der DNA-Sequenzierung eingehen, sondern nur festhalten, dass 2003 erstmalig alle 24 menschlichen Chromosomentypen vollständig sequenziert waren. Diese Sequenzen und die Längen der einzelnen Chromosomentypen sind im Internet allgemein zugänglich.

Sowohl die Sequenzen als auch die Längen werden seither in sog. Releases auf den neuesten Stand der Forschung gebracht. Ich zeige in Tab. 3 die Längen der einzelnen Chromosomentypen gemäss dem Release 85 vom Juli 2016.

Chromosom	Länge
1	248,956,422
2	242,193,529
3	198,295,559
4	190,214,555
5	181,538,259
6	170,805,979
7	159,345,973
8	145,138,636
9	138,394,717
10	133,797,422
11	135,086,622
12	133,275,309
13	114,364,328
14	107,043,718
15	101,991,189
16	90,338,345
17	83,257,441
18	80,373,285
19	58,617,616
20	64,444,167
21	46,709,983
22	50,818,468
X	156,040,895
Y	57,227,415
MT	16,569
Summe	3,088,286,401

(Die aktuelle Summe gemäss Ensembl ist 3,547,762,741. Die Einzelwerte sind offenbar noch nicht nachgeführt.)

Tab. 3: Die Längen der 24 menschlichen Chromosomentypen und der Mitochondrien-DNA (MT) in Basenpaaren

Quelle: Ensembl release 85 - July 2016
http://www.ensembl.org/index.html
Klicken auf: - „Human" (unter „Browse a Genome" und „Popular genomes")
- „View karyotype"
- Chromosomen-Nummer (1-22,X,Y,MT)
- „Chromosome summary", am Ende kommt „Chromosome Statistics"

2. Teil: Die Entstehung unserer Art, des *Homo sapiens*

4. Die Robertson-Translokation und die Entstehung der ersten Homininenart mit 46 Chromosomen

4.1. Die chromosomale Artentstehung und die Polyploidie

Die Chromosomenzahl ist arttypisch. Das bedeutet, dass alle chromosomal gesunden Mitglieder einer Art die gleiche, gerade Anzahl Chromosomen haben müssen. Die Entstehung einer Population (bei Pflanzen oft auch nur einer einzelnen Pflanze) mit einer neuen, geraden Anzahl Chromosomen ist daher eine Artentstehung.

Dieser Grundsatz war lange Zeit umstritten. Als Begründer der Theorie der chromosomalen Artentstehung gilt White (1978). Eine der klarsten und kürzesten Formulierungen über den Zusammenhang zwischen Art und Chromosomen stammt von Glätzer (1998), p. 371 und lautet: „Der Chromosomensatz, der **Karyotyp**, ist artspezifisch: Alle Zellen eines Individuums, und mehr noch, alle Individuen einer Spezies enthalten in ihren Zellkernen jeweils einen nach Anzahl und Struktur identischen Bestand an Chromosomen." „Struktur" bedeutet hier „Länge des Chromosoms und Position des Centromers".

Die beiden bekanntesten Ursachen von chromosomaler Artentstehung sind **Polyploidie** und **Robertson-Translokation**. Unter Polyploidie versteht man eine Vervielfachung der Chromosomenzahl. Der Grad der Polyploidie, z.B. diploid (doppelt) oder tetraploid (vierfach), gibt an, wie oft jeder Chromosomentyp in einem Zellkern vorhanden ist. Artentstehungen durch Polyploidie kommen vor allem bei Pflanzen vor und sind dort relativ häufig. Man schätzt, dass über 30 % aller Pflanzenarten durch Polyploidie entstanden sind.

Dazu ein Zitat aus Campbell (1997), p. 484: „Erstmals entdeckt wurde die Artbildung durch Autopolyploidie in diesem Jahrhundert (1905) von dem Genetiker Hugo de Vries, als dieser die Genetik der Nachtkerzenart *Oenothera lamarckiana*, einer diploiden Art mit 14 Chromosomen, erforschte. Eines Tages bemerkte de Vries, dass unter seinen Pflanzen eine ungewöhnliche Variante aufgetreten war; wie eine Untersuchung unter dem Mikroskop offenbarte, handelte es sich um eine tetraploide Form mit 28 Chromosomen. Er stellte fest, dass diese Pflanzen sich nicht mit den diploiden Nachtkerzen kreuzen konnten, und nannte die neue Art *Oenothera gigas*."

4.2. Die Robertson-Translokation

Die Robertson-Translokation ist benannt nach dem amerikanischen Biologen William Rees Brebner Robertson (1881–1941). Robertson beobachtete und beschrieb als Erster die später nach ihm benannte Mutation bei Heuschrecken und veröffentlichte seine Beobachtungen im Jahre 1916. Grundsätzlich kann die Robertson-Translokation bei allen sich geschlechtlich vermehrenden Arten auftreten. Ich werde mich aber hier auf die Homininen beschränken.

Die Chromosomenmutation, die zur Entstehung der ersten Homininenart mit 46 Chromosomen führte, wurde im Jahre 1982 von Jorge J. Yunis und Om Prakash entdeckt. Diese Entdeckung war aber sozusagen nur ein Nebenprodukt einer sehr gründlichen und umfassenden Untersuchung der Chromosomen der grossen Menschenaffen und des Menschen. Das

Ziel und Ergebnis dieser Untersuchung war ein neuer Stammbaum des *Homo sapiens*, wie ich ihn schon in Abb. 1, S. 6 gezeigt und besprochen habe.

Bei diesen Untersuchungen stellten Yunis und Prakash fest, dass das Menschenchromosom 2 aus einer **Fusion** der zwei schimpansenähnlichen Homininenchromosomen 2A und 2B entstand. Diese Fusion war eine Robertson-Translokation, die sich vor ca. 1 Mio. Jahren bei einer *Homo erectus*- oder *Homo ergaster*-Frau ereignet hat. Eine Robertson-Translokation entsteht nämlich in der Regel in der weiblichen Meiose bei der Bildung einer Eizelle (Bandyopadhyay et al. (2002)). Der Zeitpunkt „vor 1 Mio. Jahren" wird in Abschnitt 5.1., S. 41 erklärt. Als Folge dieser Robertson-Translokation sank die Chromosomenzahl von 48 auf 47.

Die Abb. 12 stammt nun aus der Arbeit von Yunis und Prakash. Das lange, mit H (für Human) überschriebene Chromosom ist das Menschenchromosom 2. Die beiden kurzen, mit C (für Chimpanzee) überschriebenen Chromosomen sind die heute 2A und 2B genannten Schimpansenchromosomen. Das waren früher die Nummern 12 und 13.

Auffällig in Abb. 12 ist nun, dass die Bandenmuster auf dem Menschenchromosom einerseits und auf den 2 Schimpansenchromosomen anderseits genau gleich sind. Wenn der letzte gemeinsame Vorfahre von Mensch und Schimpanse vor ca. 6 Mio. Jahren lebte, dann heisst das, dass die heutigen Menschen- und Schimpansenchromosomen eine getrennte Entwicklung von 2 x 6 = 12 Mio. Jahren hinter sich haben. Die Bandenmuster in Abb. 12 haben sich aber in dieser langen Zeit interessanterweise überhaupt nicht verändert, was doch sehr erstaunlich ist.

Nun verändern sich bei einer Robertson-Translokation die Basensequenzen und damit auch die Bandenmuster der beiden fusionierenden Chromosomen nicht. Man darf daher die Abb. 12 auch als eine Darstellung der Robertson-Translokation auffassen, die vor ca. 1 Mio. Jahren bei einer *Homo erectus*- oder *Homo ergaster*-Frau stattgefunden hat und zu einer Reduktion der Chromosomenzahl von 48 auf 47 führte.

Wie man nun in der Abb. 12 sieht, verlieren bei einer Robertson-Translokation die beiden kurzen fusionierenden Chromosomen je ein kleines Randstück. In diesen Randstücken befinden sich aber keine Gene, sodass bei einer Robertson-Translokation keine Gene verloren gehen. Daher sind die von einer Robertson-Translokation betroffenen Lebewesen gesund und unauffällig. Nur ist die Fruchtbarkeit von solchen Lebewesen stark vermindert. Bei Menschen wird daher eine Robertson-Translokation in der Regel erst entdeckt, wenn solche Menschen wegen ihrer verminderten Fruchtbarkeit zu einem Arzt gehen. Wenn alle üblichen Untersuchungen nichts ergeben, dann wird irgendwann einmal ein Karyogramm des Patienten oder der Patientin erstellt, sodass die Robertson-Translokation anhand der Chromosomenzahl (46 - 1 = 45) entdeckt wird.

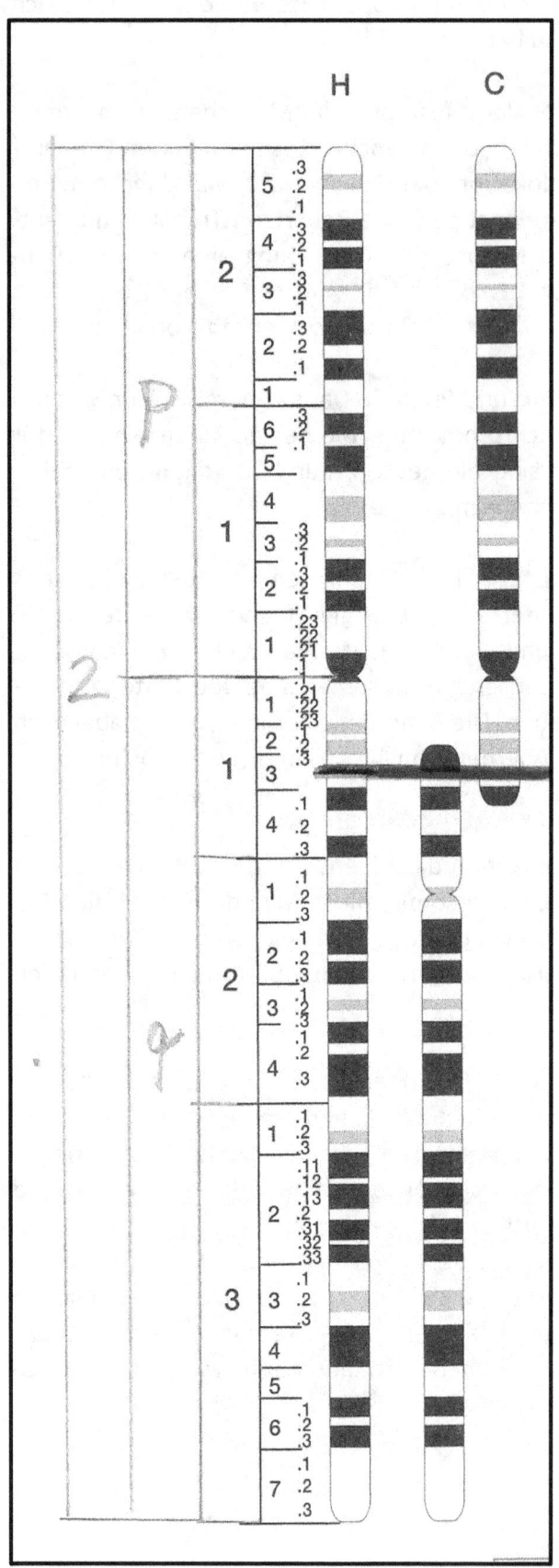

Abb. 12: Vergleich der 2 Schimpansenchromosomen 2A und 2B (C) mit dem Menschenchromosom 2 (H).   ▬▬▬ = Schnitt- und Fusionsstellen
Quelle: Strachan, Read (2004), p. 386; Original: Yunis, Prakash 1982

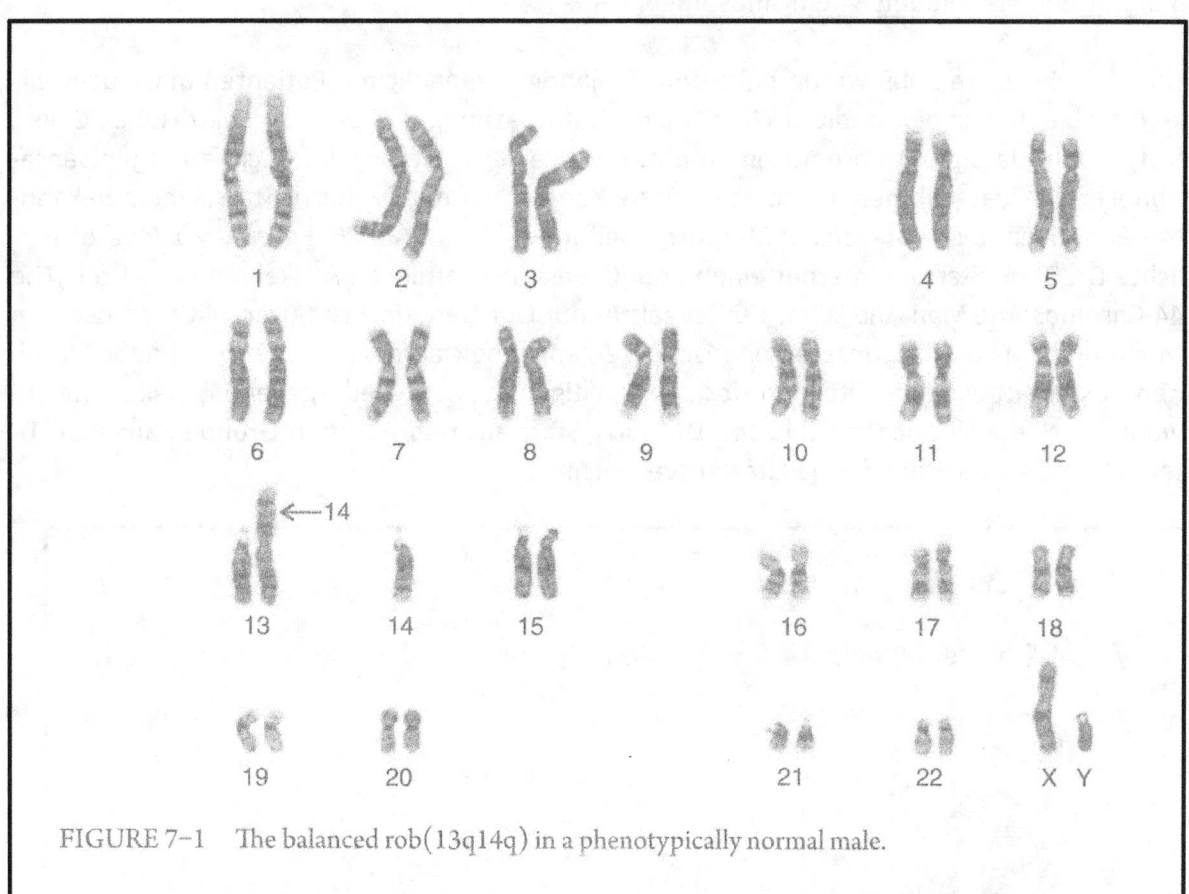

FIGURE 7–1 The balanced rob(13q14q) in a phenotypically normal male.

Abb. 13: Karyogramm eines Mannes mit einer Robertson-Translokation (13;14)
Karyotyp = 45,XY,rob(13;14)
Quelle: R. J. McKinlay Gardner et al., "Chromosome Abnormalities and Genetic Counseling", Oxford University Press, 4th Edition, 2012, S. 141

In Abb. 13 ist das Karyogramm eines Mannes mit 45 Chromosomen infolge einer Robertson-Translokation (13;14) dargestellt. Man beachte, dass die Chromosomen 13 und 14 in folgender Konstellation vorliegen: 13, 14 und rob(13;14). Diese Konstellation heisst **balanciert**. Der Träger ist gesund, hat aber Fortpflanzungsprobleme. Die Robertson-Translokation (13;14) ist die häufigste Robertson-Translokation beim Menschen (Gardner (2012), p. 142).

Wie man ferner auf der Abb. 9, S. 23 leicht erkennen kann, sind die Chromosomen 13, 14, 15, 21 und 22 sog. **akrozentrische** Chromosomen (gr. akros = spitz; oberster, höchster; vgl. auch Akropolis). Bei den akrozentrischen Chromosomen befindet sich das Centromer sehr nahe am oberen Ende des Chromosoms. Eine Robertson-Translokation kann nur zwischen den 5 genannten akrozentrischen Chromosomen stattfinden (Gardner (2012), p. 140).

Im Durchschnitt hat 1 von 1000 Neugeborenen eine Robertson-Translokation (Bandyopadhyay et al. (2002)). Wenn beide Eltern eines solchen Kindes 46 Chromosomen haben, hat das Kind eine **de novo** Robertson-Translokation. Wenn ein Elternteil schon 45 Chromosomen hat, hat das Kind eine **vererbte** Robertson-Translokation. Der ganz seltene Fall, dass beide Eltern 45 Chromosomen haben, wird im folgenden Abschnitt behandelt.

4.3. Der Chinese mit den 44 Chromosomen

Ungefähr im Jahre 2009 wurde bei einem 25-jährigen männlichen Patienten mit Fruchtbarkeitsproblemen an der medizinischen Universität Huazhong in Wuhan, Provinz Hubei, China, festgestellt, dass er 44 Chromosomen hatte. Da das ein seltener, um nicht zu sagen sensationeller Fall war, nahmen die dortigen Ärzte Kontakt auf mit Dr. Barry Starr, einem bekannten Genetiker an der Universität Stanford (Kalifornien, USA). Am 26. Februar 2010 veröffentlichte Dr. Barry Starr im Internet einen populärwissenschaftlichen Artikel mit dem Titel „The 44 Chromosome Man And What He Reveals About Our Genetic Past" (Der 44 Chromosomen Mann und was er über unsere genetische Vergangenheit aufdeckt). In Abb. 14 habe ich einen Ausschnitt aus dem Titelblatt des seinerzeitigen Artikels wiedergegeben, weil heute sowohl der Name als auch das Bild von Dr. Barry Starr aus unbekannten Gründen aus dem Titelblatt entfernt wurden (siehe Literaturverzeichnis).

The 44 Chromosome Man

And What He Reveals About Our Genetic Past

by Dr. Barry Starr, Stanford University

February 26, 2010

Many people have trouble believing that chromosome number can change and stay changed in a species. Their first thought is often of Down syndrome or the other problems that usually come with missing or extra chromosomes. It can be hard to imagine how a living thing could end up with a new chromosome number without these problems.

And yet it happens all the time in creatures as varied as yeast, corn, butterflies, voles and even mice. And now it has been seen in people.

A doctor in China has identified a man who has 44 chromosomes instead of the usual 46. Except for his different number of chromosomes, this man is perfectly normal in

Abb. 14: Teil des ursprünglichen Titelblattes des Artikels von Dr. Barry Starr

Durch diesen Artikel wurde „Der Chinese mit den 44 Chromosomen" bald in weiten Kreisen bekannt. Die wissenschaftliche Publikation über diesen Mann erfolgte dann erst im Jahre 2013 im Biomedical Research, India, unter Mithilfe von Dr. Barry Starr. Der Titel dieses Artikels lautet: „Case Report: Potential Speciation in Humans Involving Robertsonian Translocations". Siehe Literaturverzeichnis unter Bo Wang et al.

In Abb. 15 ist das Karyogramm dieses Chinesen dargestellt. Man sieht die beiden fusionierten Chromosomen 14 und 15 zweimal beim Platz für das Chromosom 14 (mit 2 Pfeilen markiert). Dafür ist der Platz beim Chromosom 15 leer. Die Robertson-Translokation (14;15) ist sehr selten (Gardner (2012), p. 142). Weil sie so selten ist, liessen die chinesischen Ärzte das Karyogramm von Abb. 15 von den zuständigen chinesischen Behörden offiziell beglaubigen.

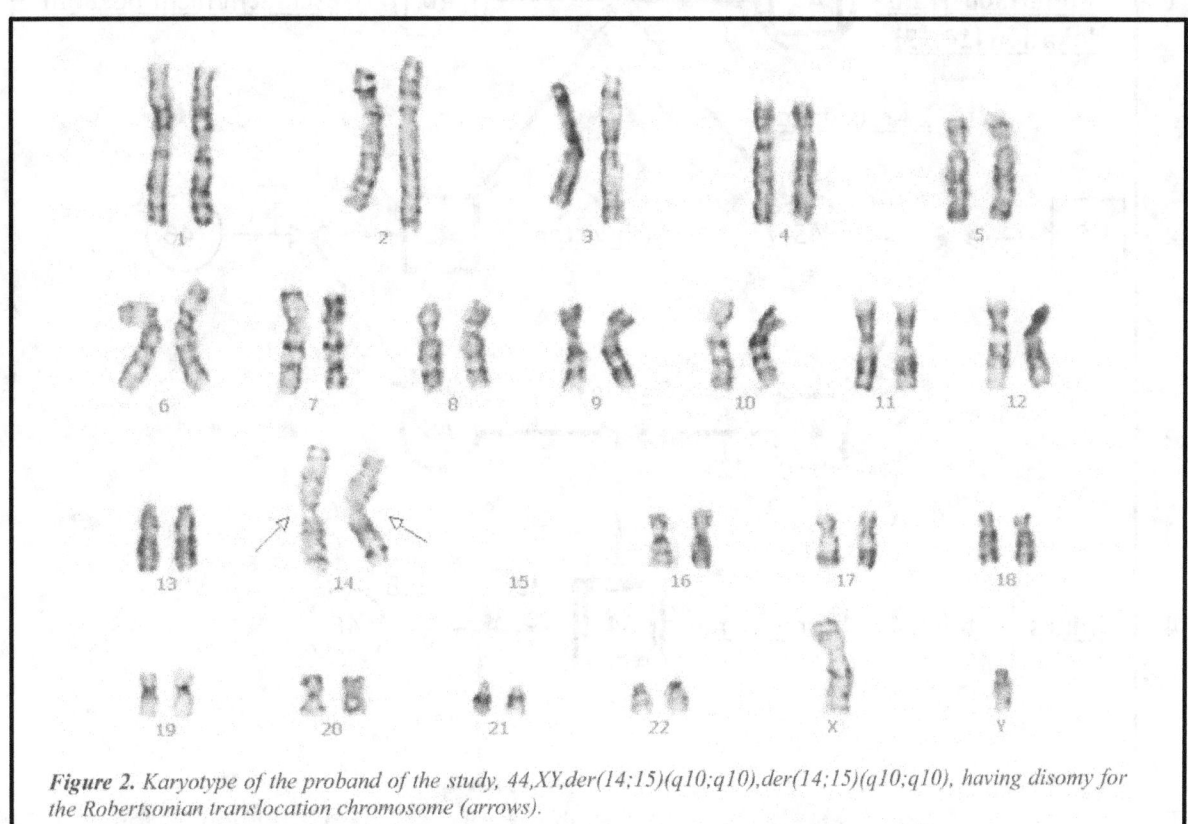

Figure 2. Karyotype of the proband of the study, 44,XY,der(14;15)(q10;q10),der(14;15)(q10;q10), having disomy for the Robertsonian translocation chromosome (arrows).

Abb. 15: Karyogramm des Chinesen mit den 44 Chromosomen
Karyotyp = 44, XY,rob(14;15),rob(14;15)
Quelle: Bo Wang et al., "Case Report: Potential Speciation in Humans Involving Robertsonian Translocations.", Biomedical Research India 2013, Vol. 24/1

Im Artikel ist ferner auch ein Stammbaum des Chinesen mit den 44 Chromosomen enthalten. In Abb. 16 habe ich diesen Stammbaum in einer etwas anderen Darstellungsart gezeichnet. Der dabei benützte Begriff **Klon** bedeutet eine Gruppe genetisch ganz oder teilweise identischer Individuen, die von einem gemeinsamen Vorläufer abstammen. Der Stammbaum ist nicht vollständig, sondern er berücksichtigt nur den Klon mit der Robertson-Translokation. Die Familie des Chinesen mit den 44 Chromosomen hat eine lange Geschichte von Fehlgeburten und von spontanen Schwangerschaftsabbrüchen.

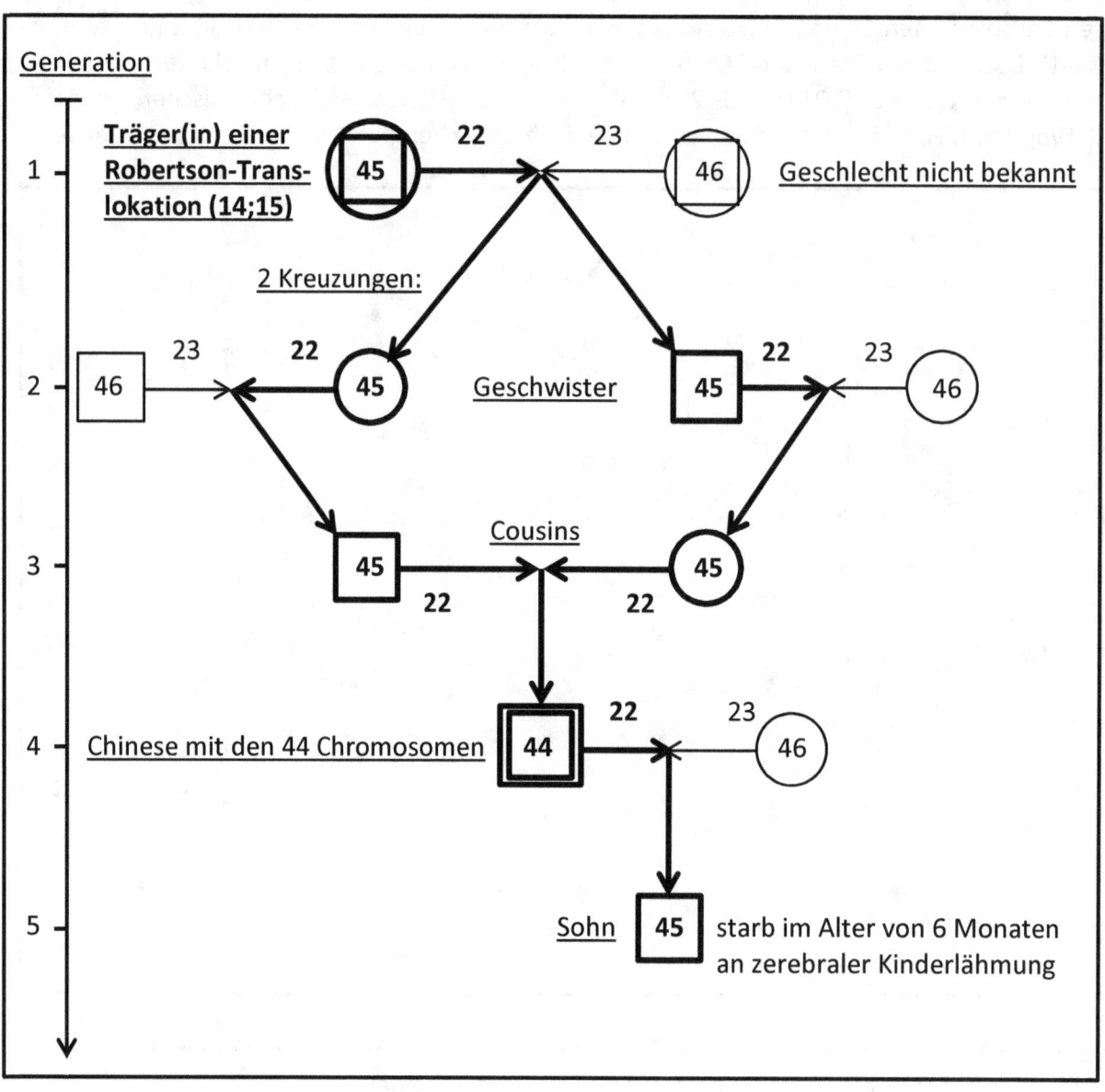

Abb. 16: Stammbaum des Chinesen mit den 44 Chromosomen
Legende: Kreise = weiblich; Quadrate = männlich
Zahlen = Anzahl Chromosomen (**22** und 23 = Gameten; **45 = 45 balanciert**)
Fett = Klon mit der Robertson-Translokation
Quelle: Bo Wang et al., "Case Report: Potential Speciation in Humans Involving Robertsonian Translocations.", Biomedical Research India 2013, Vol. 24/1

4.4. Die hypothetische Entstehung einer neuen Menschenart mit 44 Chromosomen

Ich habe nun, gestützt auf den Stammbaum in Abb. 16, in Abb. 17 ein Schema des kürzest möglichen Weges von einer de novo Robertson-Translokation bis zur Entstehung einer hypothetischen neuen Art mit 44 Chromosomen gezeichnet. Dabei bin ich wieder auf die häufigste Robertson-Translokation (13;14) (Abb. 13, S. 31) zurückgekehrt.

Das Schema in Abb. 17 beginnt links oben mit einer zukünftigen hypothetischen Klon-Mutter mit 46 Chromosomen. Bei dieser Klon-Mutter entsteht nun irgendwann einmal bei der Bildung einer Eizelle eine Robertson-Translokation der Chromosomen 13 und 14. Diese Eizelle hat demzufolge nur noch 22 statt 23 Chromosomen. Diese Eizelle wird dann mit einer normalen Samenzelle mit 23 Chromosomen befruchtet, sodass ein Kind mit 45 Chromosomen entsteht. Da beide Eltern 46 Chromosomen haben, hat dieses Kind eine de novo Robertson-Translokation. Ich habe angenommen, dass dieses Kind männlich ist. Als Mann bekommt dieses Kind dann mit 1 oder 2 normalen Frauen mit 46 Chromosomen mindestens einen Sohn und eine Tochter mit je 45 Chromosomen. Diese Kinder sind Geschwister oder Halbgeschwister. Sie sind in einem gestrichelten Rechteck eingerahmt. In diesem Rechteck können die wahren Vorgänge viel komplizierter sein und über viele Generationen laufen. Die %-Zahlen sind Wahrscheinlichkeiten, die im nächsten Abschnitt 4.5., S. 37 erklärt werden.

Die beiden Geschwister oder Halbgeschwister bekommen nun in Inzest einen Sohn mit 44 Chromosomen. Dieser Sohn ist im Schema als „Adam" bezeichnet. Damit ist allerdings noch keine neue Art entstanden. Erst wenn auch noch eine Eva und im Minimum noch ein Sohn und eine Tochter dazukommen, kann man von einer neuen Art mit 44 Chromosomen sprechen, weil erst dann eine Fortpflanzungsgemeinschaft entstanden ist. Dieser Fall ist allerdings bisher trotz einer Bevölkerungsgrösse von über 7 Milliarden Menschen noch nie eingetreten. Das zeigt, wie unwahrscheinlich die chromosomale Entstehung einer neuen Menschenart mit 44 Chromosomen ist. Unmöglich ist eine solche Entstehung aber nicht, und es könnte auch ein reizvolles Thema für einen Science-Fiction-Autor sein.

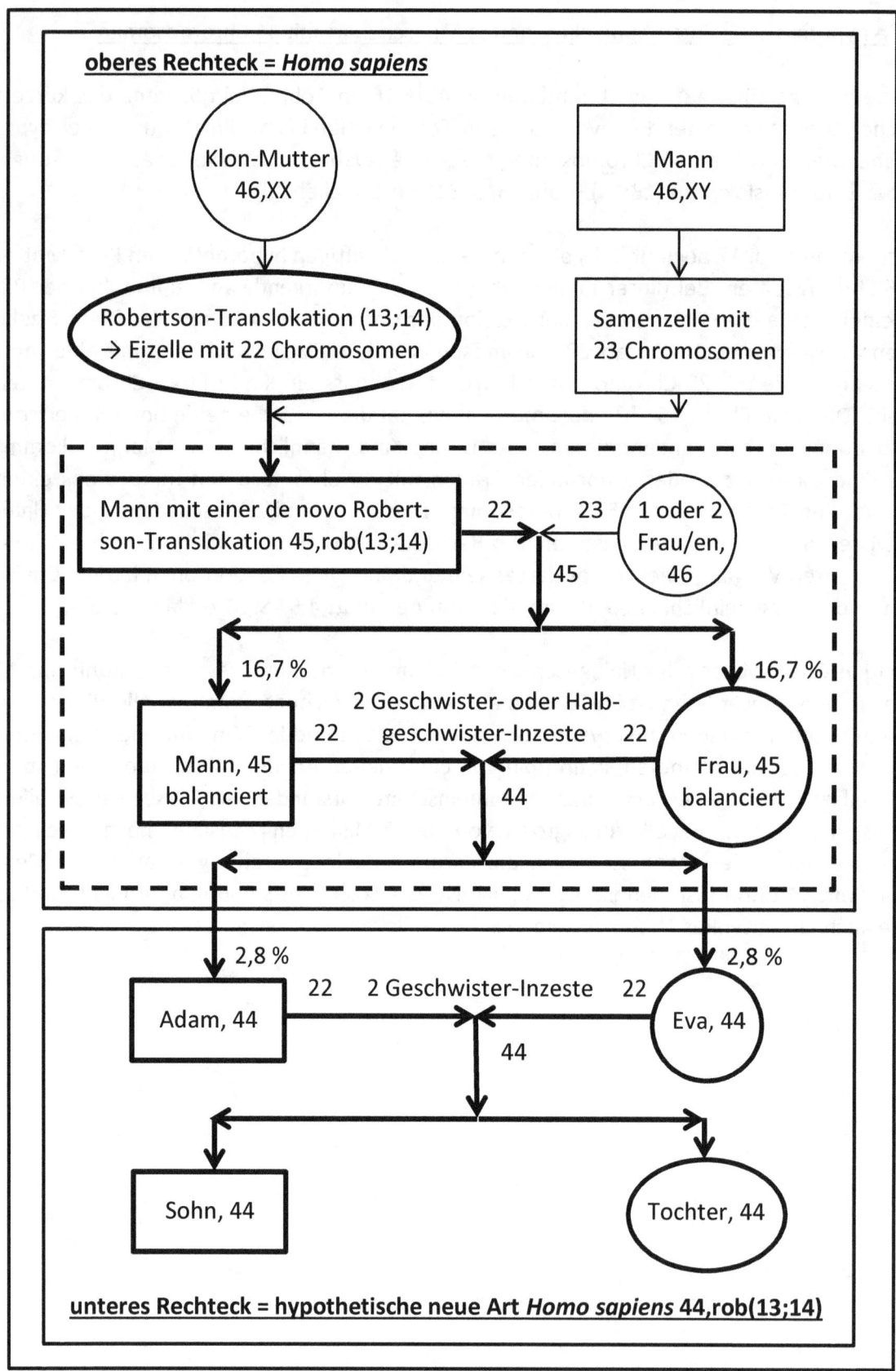

Abb. 17: Schema des kürzesten Weges von einer de novo Robertson-Translokation (13;14) zu einer hypothetischen neuen Art mit 44 Chromosomen
Fett = Klon mit der de novo Robertson-Translokation
Zahlen = Anzahl Chromosomen: 22, 23 (Gameten); 44, 45, 46 (Zellen)

4.5. Details zu den Kreuzungen 45 x 46 und 45 x 45

Fall:	Zahlen 1,2,3		Chromosomen 13, 14 und (13;14) aus einer unreifen Keimzelle mit dem Karyotyp 45,XX/XY,rob(13;14) gemäss Abb. 13, S. 31			
	2 Töpfe		2 Gameten (Anz. = Anzahl Chromosomen)			
			Chromosomen	Anz.	Chromosomen	Anz.
1	1, 2	3	13, 14	23	(13;14)	22
2	1, 3	2	13, (13;14)	23	14	22
3	1	2, 3	13	22	14, (13;14)	23
4	1, 2, 3	–	13, 14, (13;14)	24	–	21

Tab. 4: Vereinfachte Meiose einer unreifen Keimzelle mit 45 Chromosomen

Das obige Schema zeigt die Möglichkeiten einer vereinfachten Meiose (vgl. Abb. 11, S. 26) einer unreifen Keimzelle mit 45 Chromosomen und rob(13;14) gemäss Abb. 13, S. 31. In einem solchen Fall müssen sich die drei Chromosomen 13, 14 und (13;14) auf 2 Gameten aufteilen. Rein theoretisch gibt es dafür 4 Möglichkeiten, die im Schema als die Fälle 1-4 dargestellt sind. Zum besseren Verständnis dieser Aufteilung sind in der linken Hälfte des obigen Schemas die 4 möglichen Aufteilungen der drei Zahlen 1-3 auf zwei Töpfe dargestellt. Der Fall 4, nämlich alle drei Chromosomen in eine Gamete und keines dieser Chromosomen in die andere Gamete, kommt praktisch nie vor. Die theoretischen Wahrscheinlichkeiten für die Fälle 1-3 betragen dann je 1/3 oder 33,33 %. Die fett eingerahmten Chromosomen-Nummern bilden nun die Anfangswerte beim folgenden Kreuzungsschema 45 x 46, Zeile „45 Chromosomen".

Fall:	1		2		3	
Gameten aus unreifen Keimzellen mit	Chromosomen-Nr.:		Chromosomen-Nr.:		Chromosomen-Nr.:	
45 Chromosomen:	13 14	(13;14)	13 (13;14)	14	13	14 (13;14)
46 Chromosomen:	13 14	13 14	13 14	13 14	13 14	13 14
Zygoten: Anzahl Chromosomen: Zygoten-Typ:	46 normal	45 balanciert	46 Trisomie 13	45 Monosomie 13	45 Monosomie 14	46 Trisomie 14
Die theoretische Wahrscheinlichkeit für jede der 6 Möglichkeiten beträgt 1/6 = **16.7 %**.						

Tab. 5: Kreuzungsschema 45 x 46 (6 mögliche und gleichwahrscheinliche Zygoten)

Gameten → ↓	23 13 14	22 (13;14)	23 13 (13;14)	22 14	22 13	23 14 (13;14)
23 13 14	46 normal	45 balanciert	46 T. 13	45 M. 13	45 M. 14	46 T. 14
22 (13;14)	45 balanciert	44 normal	45 T. 13	44 M. 13	44 M. 14	45 T. 14
23 13 (13;14)	46 T. 13	45 T. 13	46 Tet. 13	45 balanciert	45 T.13, M.14	46 T. 13,14
22 14	45 M. 13	44 M. 13	45 balanciert	44 ohne 13	44 M. 13,14	45 M.13, T.14
22 13	45 M. 14	44 M. 14	45 T.13, M.14	44 M. 13,14	44 ohne 14	45 balanciert
23 14 (13;14)	46 T. 14	45 T. 14	46 T. 13,14	45 M.13, T.14	45 balanciert	46 Tet. 14
Die theoretische Wahrscheinlichkeit für jede der 36 Möglichkeiten beträgt 1/36 = **2,8 %**.						

Tab. 6: Kreuzungsschema 45 x 45 (36 mögliche und gleichwahrscheinliche Zygoten)

Im obigen Kreuzungsschema sind die Gameten gleich wie im Kreuzungsschema 45 x 46, Zeile „45 Chromosomen". Abnormale Chromosomenkonstellationen der Zygoten:
M. = Monosomie, T. = Trisomie, Tet. = Tetrasomie.
Die Zahlen 22, 23, 44, 45 und 46 sind die Anzahl Chromosomen.
Die Zahlen 13, 14 und (13;14) sind Chromosomen-Nummern.

4.6. Die Entstehung der ersten Homininenart mit 46 Chromosomen

Die Abb. 18 ist vom Schema her identisch mit der Abb. 17. Die Unterschiede liegen nur in der Beschriftung. Die folgende Tabelle zeigt die Unterschiede in der Beschriftung der beiden Abbildungen:

	Anzahl Chromosomen	rob	Anfangs- und Schlussart
Abb. 17:	46 22 23 45 44	(13;14)	**oberes Rechteck = *Homo sapiens*** **unteres Rechteck = hypothetische neue Art *Homo sapiens* 44,rob(13;14)**
Abb. 18:	48 23 24 47 46	(2A;2B)	**oberes Rechteck = Homininenart mit 48 Chromosomen** **unteres Rechteck = erste Homininenart mit 46 Chromosomen**

Die Abb. 18 zeigt den kürzesten Weg von einer Homininenart mit 48 Chromosomen zur ersten Homininenart mit 46 Chromosomen. Der Schluss der Abb. 18 zeigt den Anfang der ersten Homininenart mit 46 Chromosomen, bestehend aus Adam, Eva, einem Sohn und einer Tochter. Gemäss unserer Artdefinition ist das tatsächlich schon eine neue Art. Sie besteht aus einer Anzahl von Individuen, die sich untereinander sexuell fortpflanzen können, mit Mitgliedern ihrer Mutterart aber nur beschränkt.

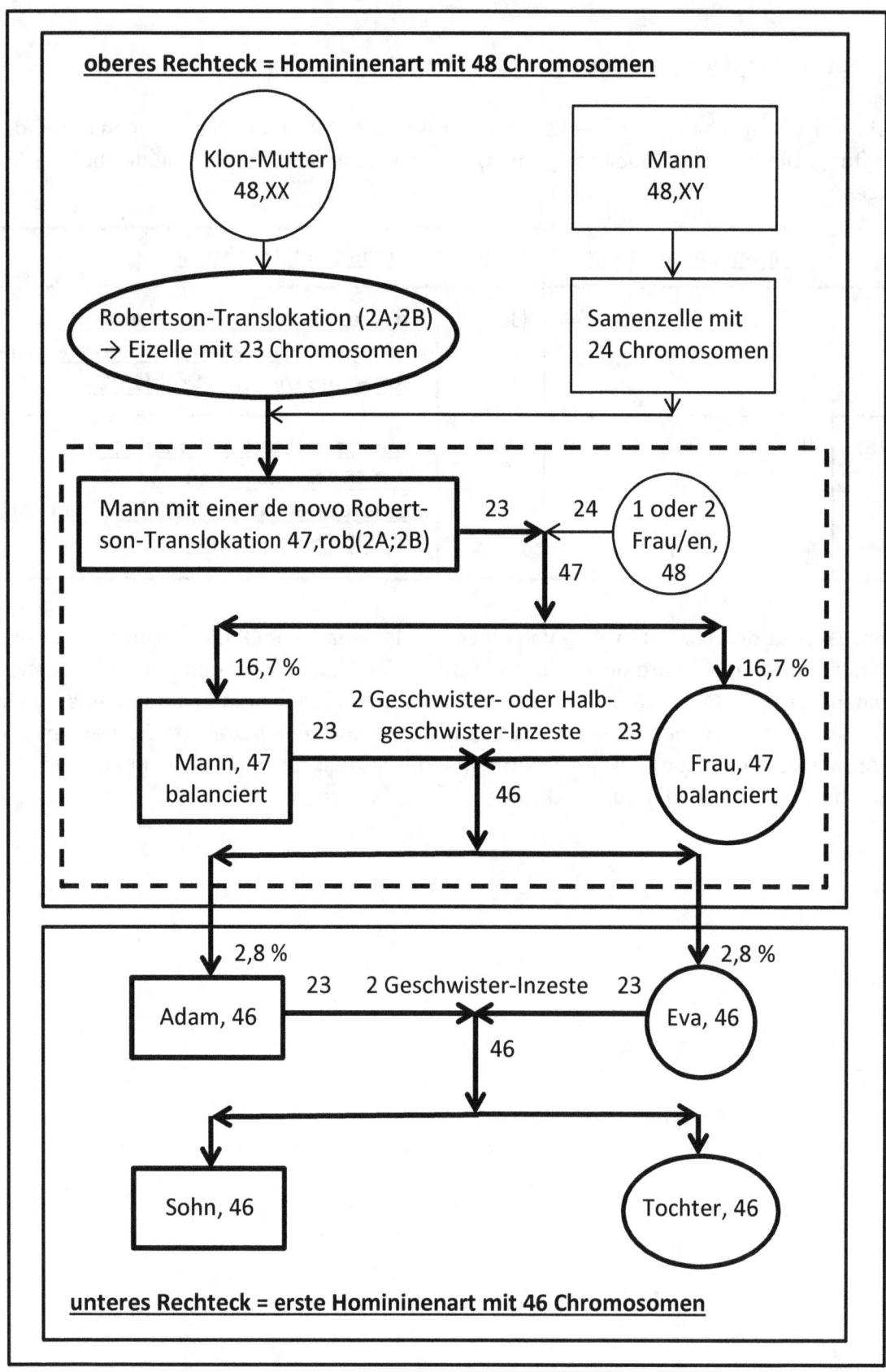

Abb. 18: Schema des kürzesten Weges von einer de novo Robertson-Translokation (2A;2B) zur ersten Homininenart mit 46 Chromosomen
Fett = Klon mit der de novo Robertson-Translokation
Zahlen = Anzahl Chromosomen: 23, 24 (Gameten); 46, 47, 48 (Zellen)

5. Vorschlag für einen neuen Stammbaum

5.1. Der Zeitpunkt der Entstehung der ersten Homininenart mit 46 Chromosomen

Der Zeitpunkt der Entstehung der ersten Homininenart mit 46 Chromosomen ist noch nicht genau bekannt. Im Internet-Artikel vom 26. Februar 2010 schreibt Barry Starr im Abschnitt „History" ohne nähere Begründung: „… about a million years ago … two chromosomes fused." Diese Schätzung hat Barry Starr in einem neuen, sehr lesenswerten Internet-Artikel vom 30. Oktober 2013 präzisiert und eingehend begründet („The estimate from these studies is that the fusion happened a bit more than a million years ago.") Für die weiteren Ausführungen übernehme ich nun diese Schätzung von Barry Starr. Das Ergebnis ist ein neuer hypothetischer Stammbaum des *Homo sapiens*, den ich in Abb. 20, S. 45 wiedergebe. Ich werde nun die weiteren Überlegungen darlegen, die zu diesem Stammbaum führten.

5.2. Die evolutionäre Art und die Artdefinition mit Vorfahren-Nachkommen-Linien

Alle Mitglieder des *Homo sapiens* stammen in direkter Linie vom ersten Paar der ersten Homininenart mit 46 Chromosomen ab (vgl. Abb. 18). Man kann dieses erste Paar auch als Adam und Eva bezeichnen. Ich benütze nun das Konzept der **evolutionären Art** gemäss Grupe et al. (2012), p. 30. Als Begründer des evolutionären Artkonzeptes gilt Simpson (1961). Dieses Konzept leitet sich aus folgender Artdefinition von Wiesemüller et al. (2003), p. 39 ab: „Arten sind Vorfahren-Nachkommen-Linien von tatsächlich oder potentiell sich kreuzenden Populationen, die aus biologischen Gründen vollständig reproduktiv von anderen solchen Linien isoliert sind." Eine ausführliche Darstellung aller Artdefinitionen und Artkonzepte findet sich in King (1993), p. 7 – 30.

Bei den Vorfahren-Nachkommen-Linien kann man ohne weiteres auf die Darstellung der *männlichen* Nachkommen (Söhne) verzichten. Jede Linie einer neuen Art beginnt nun mit einer Urmutter, die von der Mutterart der neuen Art abstammt. Im Falle des *Homo sapiens* gab es nur 1 Urmutter, nämlich die oben als „Eva" bezeichnete Frau.

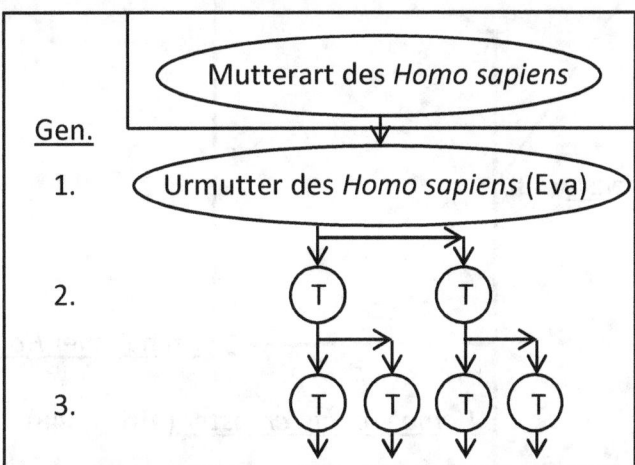

In der obigen Zeichnung sind die hypothetischen Vorfahren-Nachkommen-Linien der ersten drei Generationen der neuen Art *Homo sapiens* wiedergegeben unter der Annahme, dass jede Frau 2 Töchter (T) und mindestens 1 Sohn hatte, der aber in der Zeichnung nicht dargestellt ist.

Da alle Mitglieder des heutigen *Homo sapiens* über lückenlose Vorfahren-Nachkommen-Linien von der Urmutter der ersten Homininenart mit 46 Chromosomen abstammen, ist nach dem Konzept der evolutionären Art der *Homo sapiens* die erste Homininenart mit 46 Chromosomen. Die Art *Homo sapiens* ist damit vor ca. 1 Million Jahren chromosomal entstanden. Ich nenne die frühen Mitglieder des *Homo sapiens* nach einem Ausdruck, der auch schon früher benützt wurde (Boyd und Silk (2015), p. 310), „Archaische *Homo sapiens*".

In Abb. 19 habe ich einen Zwischenstammbaum gezeichnet, in dem die Abstammungen von *Homo heidelbergensis* und von *Homo neanderthalensis* unverändert von Abb. 2, S. 10 übernommen wurden. Als Mutterart des *Homo sapiens* habe ich ebenfalls aus Abb. 2 den *Homo erectus* übernommen, der dort die einzige Art ist, die vor 1 Mio. Jahren gelebt hat. Die Annahme von 200 000 Jahren v.d.G. für den Beginn des modernen *Homo sapiens* stützt sich auf das älteste bekannte *Homo sapiens*-Fossil, das im Omo-Becken in Äthiopien gefunden wurde und dessen Alter auf 195 000 Jahre geschätzt wird. Die Zahl von 100 000 Jahre v.d.G. für das „Out of Africa" des *Homo sapiens* stützt sich auf ein ähnliches Alter von Fossilien aus den Höhlen Qafzeh und Skhul in Israel (Johanson (2006), p. 252, 255 und 258).

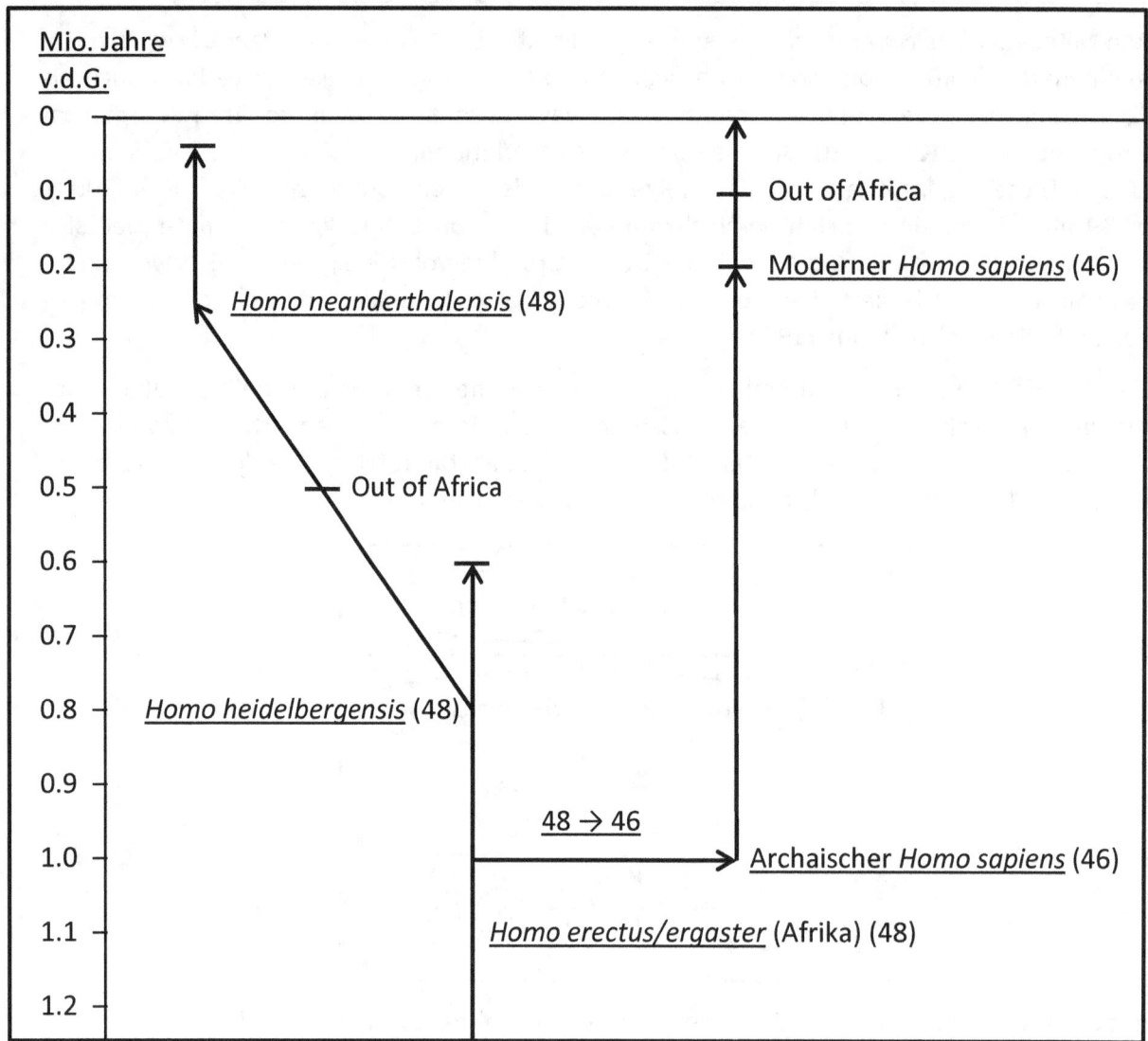

Abb. 19:   Erneuerte Version des Stammbaumes von Abb. 2
           48, 46 = Anzahl Chromosomen

5.3. Die Etablierung der neu entstandenen Art *Homo sapiens*

Im Zeitpunkt der chromosomalen Artentstehung ist die neue Art zwar entstanden, sie war aber noch in keiner Weise etabliert. Etabliert hat sich die junge Art erst, als es zu keinen Paarungen mit der Mutterart mehr kam. Der Weg dahin ist nicht bekannt, und er wird wahrscheinlich auch nie als historische Tatsache erforscht werden können. Trotzdem kann man eine Möglichkeit aufzeigen, wie das hätte gehen können. Ich will das im Folgenden tun.

Die Mutterart mit 48 Chromosomen war gemäss Abb. 19 der *Homo erectus*. Ausgangspunkt war die Situation am Ende von Abb. 18, als es schon Adam, Eva, einen Sohn und eine Tochter gab. Sie kannten selbstverständlich ihre Chromosomenzahl nicht. Daher gab es auch Kreuzungen zwischen dem *Homo erectus* und dem *Homo sapiens*. Bei solchen Kreuzungen entstanden Mischlinge mit 47 Chromosomen (auch Hybriden oder Bastarde genannt). Diese Hybriden waren gesund, aber steril, und zwar bei allen drei möglichen Paarungen, nämlich 47 x 48, 47 x 47 und 47 x 46. Diese Annahme stützt sich auf die sehr ähnlichen Kreuzungen zwischen Pferd (64 Chromosomen) und Esel (62 Chromosomen), bei denen bekanntlich auch gesunde, aber sterile Nachkommen entstehen, nämlich Maultiere und Maulesel.

Es waren nun folgende 6 Paarungen möglich: 48 x 48, 48 x 46 und 46 x 46, sowie die drei Paarungen mit den 47-er Hybriden. Diese letzten drei Paarungen blieben kinderlos. Bei einer Paarung 48 x 46 entstand demgegenüber ein gesundes, aber steriles Kind mit 47 Chromosomen. Also führten nur die beiden „reinen" Paarungen 48 x 48 und 46 x 46 weiter.

In dieser Situation gab es zwar noch Paarungen zwischen *Homo erectus* und *Homo sapiens*, aber wegen der Sterilität der Hybriden keinen Genfluss mehr. *Homo erectus* und *Homo sapiens* waren somit von allem Anfang an reproduktiv isoliert und damit auch zwei verschiedene Arten. Man nennt diese Situation eine **postzygotische Fortpflanzungsbarriere infolge einer Bastardsterilität** (Campbell (1997), p. 480).

In dieser Situation entwickelten sich *Homo erectus* und *Homo sapiens* wegen der reproduktiven Isolation und damit auch wegen verschiedenen Evolutionen auseinander. Je länger diese Auseinanderentwicklung dauerte, desto seltener wurden die Paarungen zwischen diesen beiden Arten. Schliesslich verschwanden diese Paarungen ganz und es blieben nur noch die beiden „reinen" Paarungen 48 x 48 und 46 x 46 übrig. Damit war die Etablierung des *Homo sapiens* auch ohne geografische Trennung abgeschlossen.

5.4. Das Neandertaler-Genomprojekt

Nun bleiben noch zwei Fragen über den Neandertaler offen, nämlich die Chromosomenzahl und die Paarungen mit dem *Homo sapiens*. Etwas genauer sollte man wissen, ob der Neandertaler 48 oder 46 Chromosomen hatte und ob er sich fruchtbar mit dem *Homo sapiens* gepaart hat. Der Weg zu den Antworten auf diese und weitere Fragen beruht darauf, dass die Molekularbiologen gelernt haben, die Basensequenzen der DNA-Moleküle von Neandertaler-Fossilien zu bestimmen. Das ist eine gewaltige, kaum vorstellbare wissenschaftliche Leistung.

Eine von mehreren Forschergruppen, die sich mit diesem Thema befassten, stand unter der Leitung des schwedischen Molekularbiologen Svante Pääbo, der heute Leiter des Max-Planck-Institutes für evolutionäre Anthropologie in Leipzig ist. Im Jahre 2006 haben dann das

Max-Planck-Institut für evolutionäre Anthropologie und die 454 Life Sciences Corporation, Branford, Connecticut, USA, das „Neandertaler-Genomprojekt" gegründet. Das Hauptziel dieses Projektes war die vollständige Sequenzierung der mitochondrialen und der Kern-DNA des Neandertalers. 2013 war dieses Ziel erreicht. 2014 hat Svante Pääbo über dieses Projekt ein ausführliches und sehr interessantes Buch geschrieben („Die Neandertaler und wir. Meine Suche nach den Urzeit-Genen"). Kürzere Publikationen über das Projekt sind auf der Internet-Adresse im Literaturverzeichnis unter „MAX-PLANCK-GESELLSCHAFT" zu finden. Auch der Artikel „Denisovan" in der englischen Wikipedia ist sehr lesenswert.

Die für uns wichtigsten Quellen sind nun 4 Publikationen des Neandertaler-Genomprojektes. Ich gebe im Folgenden die für uns wichtigsten Informationen aus diesen 4 Publikationen an. Ich gehe dabei nicht näher auf die zum Teil sehr komplexen und schwierigen molekularbiologischen Erklärungen ein.

Krause Johannes et al. (2010): Die Denisova-Höhle liegt in der russischen Republik Altai in Zentralasien. Im Jahre 2008 fanden hier Anatoli Derewianko und Michael Schunkow ein winziges Stück eines 50 000 - 30 000 Jahre alten Knochens eines kleinen Fingers eines Mädchens (Pääbo (2014), p. 329 mit Bild). Man konnte dem Fossil aber nicht ansehen, ob es von einem Neandertaler oder von einem *Homo sapiens* stammt.

Es gelang nun einer kleinen Gruppe von 7 Molekularbiologen, die mitochondriale DNA dieses Knochenstückes zu sequenzieren. Damals war auch schon die mitochondriale DNA von 6 Neandertaler-Fossilien vollständig sequenziert. Vergleiche der DNA-Sequenz des neugefundenen Fingerknochens mit den bekannten DNA-Sequenzen der 6 Neandertaler und des lebenden *Homo sapiens* haben dann zur grossen Überraschung der Forscher ergeben, dass der Fingerknochen weder von einem Neandertaler noch von einem *Homo sapiens* stammen konnte. Man wollte aber noch nicht von einer neuentdeckten *Homo*-Art sprechen und nannte die neuentdeckte Homininen-Population englisch einfach „Denisovans". Deutsch heissen die Denisovans „Denisova-Menschen" (Pääbo (2014), p. 350).

Reich David et al. (2010): Hier wurde vom Denisova-Fingerknochen und von einem zweiten Denisova-Fossil, einem Backenzahn (Molar), nicht mehr nur die mitochondriale DNA sequenziert, sondern die viel grössere Kern-DNA. Es bestätigte sich, dass der Denisova-Mensch weder ein Neandertaler noch ein *Homo sapiens* sein konnte. Die Autoren zeichnen in zwei Abbildungen den Stammbaum dieser drei Homo-Populationen, verzichten aber bewusst auf jegliche Bezeichnung als Art oder Unterart. Ich habe den vorgeschlagenen Stammbaum in meinen Stammbaum in Abb. 20 übernommen.

Meyer Matthias et al. (2012): Aus dieser Publikation ist für uns nur ein kurzer Abschnitt über die Chromosomenzahl des Denisova-Menschen und des Neandertalers wichtig. Im Schlusssatz dieses Abschnittes heisst es nämlich (in deutscher Übersetzung): „Wir folgern, dass Denisovans und moderne Menschen (und vermutlich auch Neandertaler) einen Karyotyp bestehend aus 46 Chromosomen haben." Daraus folgt, dass auch der *Homo heidelbergensis* 46 Chromosomen gehabt haben musste, die er durch seine Abstammung vom archaischen *Homo sapiens* erhielt.

Prüfer Kay et al. (2014): Die für uns wichtigste Feststellung ist, dass es zwischen den Neandertalern, den Denisova-Menschen und den modernen Menschen alle 3 möglichen fruchtbaren Paarungen gegeben hat. Da ferner alle 3 Populationen 46 Chromosomen haben oder hatten, gehören sie zur gleichen Art *Homo sapiens* und bilden drei Unterarten. Auch der *Homo heidelbergensis* ist nun eine Unterart des *Homo sapiens* und heisst jetzt korrekt *Homo sapiens heidelbergensis*. Die eingezeichnete Lebenszeit des *Homo sapiens heidelbergensis* (700 000 - 200 000 Jahre v.d.G.) stammt aus Grupe et al. (2012), p. 27.

Ferner habe ich aus dem Artikel noch die Bereichsschätzungen der folgenden beiden Trennungszeitpunkte entnommen:
- Neandertaler und Denisova-Menschen einerseits und moderne Menschen anderseits:
  550 000 - 765 000 Jahre v.d.G.
- Neandertaler und Denisova-Menschen: 445 000 - 473 000 Jahre v.d.G.

Damit habe ich alle Quellen für meinen neuen Stammbaum in Abb. 20 angegeben und stelle ihn hier zur Diskussion.

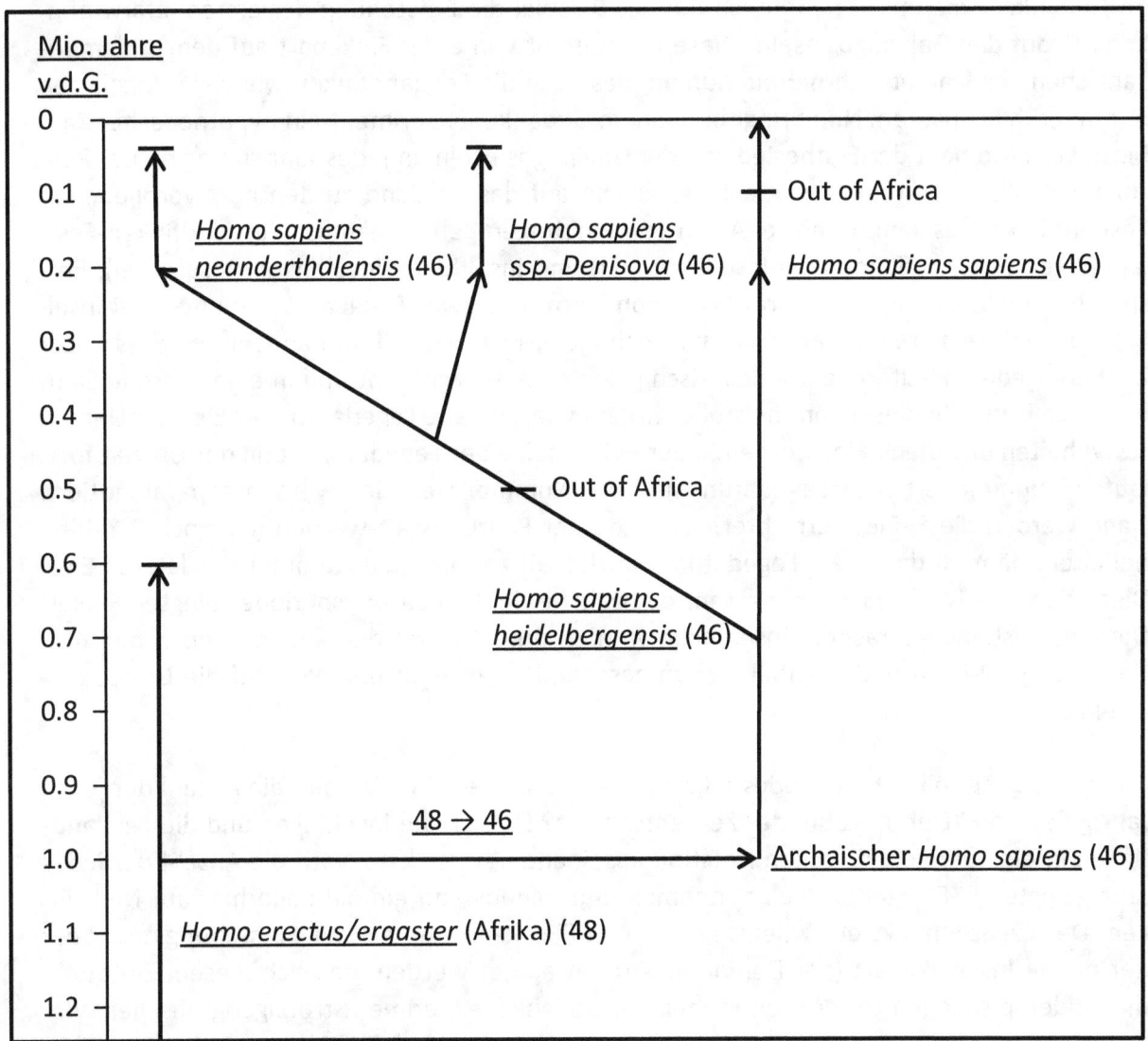

Abb. 20: Neuer hypothetischer Stammbaum des *Homo sapiens*
v.d.G. = vor der Gegenwart; ssp. = subspecies; 48, 46 = Anzahl Chromosomen

Anhang: Wer war zuerst da, das Huhn oder das Ei?

A.1. Ein Gedankenexperiment zur genauen Bestimmung des Zeitpunktes einer allopatrischen Artentstehung

Ich werde hier mit einem Gedankenexperiment zeigen, dass eine allopatrische Artentstehung in einem genau definierten Zeitpunkt stattfindet. Dieser Zeitpunkt wird erreicht, wenn sich die beiden geografisch getrennten Unterarten bei einer Begegnung in freier Natur nicht mehr als artgleich erkennen und sich demzufolge auch nicht mehr paaren. Eine solche Begegnung in freier Natur erfolgt aber in der Regel, wenn überhaupt, nicht ausgerechnet im Zeitpunkt der Artentstehung, sondern viel später. Dann ist der ursprüngliche Zeitpunkt der Artentstehung nicht mehr feststellbar, aber er existiert trotzdem. Wenn ein Leser oder eine Leserin mit dieser Schlussfolgerung einverstanden ist, dann braucht er oder sie das folgende Gedankenexperiment nicht mehr zu lesen.

Im Gedankenexperiment nehme ich nun als Beispiel die Entstehung der ersten „Darwinfinkenart" auf den Galapagosinseln. Diese Art stammt von einer Finkenart auf dem südamerikanischen Festland ab. Ich nehme nun an, dass sich die Festlandfinken wie viele Vogelarten nur im Frühling paaren. Nun bringt in meinem Gedankenexperiment ein hypothetischer Zauberer vom Moment der Erstbesiedlung der Galapagosinseln an jedes Jahr zu Beginn der Paarungszeit alle Finken von den Galapagosinseln auf das Festland zu den dort verbliebenen Festlandfinken. Es kann nun drei Arten von Paarungen geben, nämlich Festlandfinken-Festlandfinken (FF), Festlandfinken-Inselfinken (FI) und Inselfinken-Inselfinken (Insel-Insel). Entsprechend gibt es dann auch drei Arten von Eiern, und zwar FF-Eier, FI-Eier und Insel-Insel-Eier. Uns interessieren in der Folge nur noch die FI-Eier. Ich will nun annehmen, dass unser Zauberer jedem FI-Elternpaar jedes frisch gelegte FI-Ei wegnimmt und in eine zentrale Sammelstelle bringt. In dieser Sammelstelle wird nun das genaue Legedatum des Eies mit Uhrzeit festgehalten und die FI-Eier werden in der Reihenfolge des Legedatums und der Uhrzeit fortlaufend nummeriert. Das Legedatum und die Nummer des Eies werden separat notiert. Dann werden die FI-Eier vernichtet. Am Ende der Paarungszeit werden nur noch 2 Zahlen behalten, nämlich das letzte Legedatum mit der Uhrzeit und die Nummer des letzten Eies. Diese Nummer ist gleich wie die gesamte Anzahl der in der Paarungsperiode gelegten FI-Eier. Die aufs Festland gebrachten Inselfinken werden nun mitsamt den allenfalls noch bebrüteten Insel-Insel-Eiern und allenfalls schon geschlüpften Insel-Insel-Küken auf die Galapagosinseln zurückgebracht.

Dieser Vorgang soll sich nun jedes Jahr wiederholen. Wie wird sich nun die Anzahl der jedes Jahr gelegten FI-Eier im Laufe der Zeit entwickeln? Da sich die Inselfinken und die Festlandfinken infolge der geografischen Isolation auseinanderentwickeln, wird die Anzahl der jedes Jahr gelegten FI-Eier tendenziell abnehmen und irgendwann einmal dauerhaft auf Null sinken. Der Legezeitpunkt des zuletzt gelegten FI-Eies kann nun als der Entstehungszeitpunkt der neuen Inselfinkenart (der Darwinfinken) betrachtet werden, da nach diesem Zeitpunkt die beiden bisherigen Unterarten in meinem Gedankenexperiment trotz geografischer Wiedervereinigung keine Paarungen mehr haben und damit reproduktiv isoliert sind. Dieser Zeitpunkt ist bis auf die Minute genau feststellbar, aber nur in meinem Gedankenexperiment. Damit ist mein Gedankenexperiment auch abgeschlossen.

A.2. Wer war zuerst da, das Huhn oder das Ei?

Ich will hier zeigen, dass es auf die berühmte Frage, wer zuerst da war, das Huhn oder das Ei, eine ernsthafte und klare Antwort gibt. Dazu muss man zunächst einmal genau definieren, was hier mit „Huhn" gemeint ist. Wahrscheinlich denkt man dabei zuerst an ein Haushuhn. Das Haushuhn ist eine gezähmte Unterart eines Wildhuhnes aus Südostasien (des Bankivahuhns), dessen wissenschaftlicher Artname *Gallus gallus* heisst. Der wissenschaftliche Name des Haushuhnes ist *Gallus gallus domesticus*, wobei „*domesticus*" eine Unterart bezeichnet. Ich will hier aber unter „Huhn" die Art *Gallus gallus* verstehen.

Die Art *Gallus gallus* stammt wie alle Arten von einer anderen Art ab. Man weiss nicht, welche Art das war. Ich will diese Art daher einfach „Vorhuhn" nennen. Dann ist auch klar, dass Hühner Hühnereier legen und Vorhühner Vorhühnereier. Das „Ei" in der Titelfrage ist dann genauer ein „Hühnerei".

Schliesslich will ich hier noch festlegen, dass die Art „Huhn" (*Gallus gallus*) allopatrisch aus der Art „Vorhuhn" entstanden ist. Dann folgt aus dem im vorigen Abschnitt A.1. dargelegten Gedankenexperiment, dass die Art „Huhn" zu einem genau bestimmten Zeitpunkt aus der Art „Vorhuhn" entstanden ist, oder genauer aus einer geografisch isolierten Unterart der Art „Vorhuhn". Der genaue Zeitpunkt der Entstehung der Art *Gallus gallus* ist nicht bekannt. Um die folgenden Überlegungen nachvollziehen zu können, braucht man aber einen solchen Zeitpunkt. Die ersten domestizierten Bankivahühner gab es vielleicht vor ca. 3000 Jahren v. Chr. Ich will nun willkürlich annehmen, dass die allopatrische Artentstehung des Bankivahuhnes spätestens vor 5000 Jahren v. Chr. stattgefunden hat, z.B. am 1. Januar 0.00 Uhr des Jahres 5000 v. Chr.

Nun gab es bei der allopatrischen Entstehung des Bankivahuhnes, anders als bei der chromosomalen Entstehung des *Homo sapiens*, sehr viele einzelne Vorfahren-Nachkommen-Linien, bei denen erstmalig ein Bankivahuhn entstand. Ich stelle in folgender Zeichnung eine solche Vorfahren-Nachkommen-Linie dar. Gegeben ist lediglich das anfängliche Vorhuhn und das schlussendliche Bankivahuhn („Huhn"). Das erste Huhn, das auf dieser Linie nach der Entstehung der Art „Huhn" geschlüpft ist, war ein Huhn, das aus einem Vorhühnerei geschlüpft ist. Daher lautet die Antwort auf die Frage, ob das Huhn oder das Ei zuerst da war, das Huhn.

Vorfahren-Nachkommen-Linie bei der Entstehung des ersten Huhnes dieser Linie

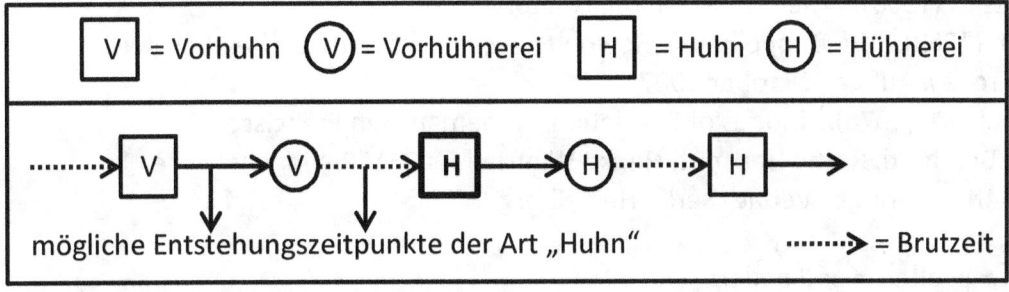

Literaturverzeichnis

<u>Bücher</u>
Bibel (1962). „Zürcher Bibel". Verlag der Zwingli-Bibel, Zürich
Boyd Robert, Silk Joan B. (2015). "How Humans Evolved". W.W. Norton & Company, Inc., New York, Seventh Edition
Campbell Neil A. (1997). "Biologie". Deutsche Übersetzung herausgegeben von Jürgen Markl. Spektrum Akademischer Verlag, Heidelberg · Berlin · Oxford
Crick Francis (1988). "What Mad Pursuit". New York
    deutsch (1990). "Ein irres Unternehmen". R. Piper GmbH & Co., München
Darwin Charles (1859). "On The Origin of Species by Means of Natural Selection". London
    deutsch (1963). "Die Entstehung der Arten durch natürliche Zuchtwahl". Philipp Reclam jun., Stuttgart
de Vries Hugo (1906). "Species and Varieties. Their Origin by Mutation". Open Court, Chicago
Dobzhansky Theodosius (1937). "Genetics and the Origin of Species". Columbia University Press, New York
Flemming Walther (1882). "Zellsubstanz, Kern und Zelltheilung". Leipzig
Gardner R. J. McKinlay, Sutherland Grant R., Shaffer Lisa G. (2012). "Chromosome Abnormalities and Genetic Counseling". Oxford University Press, 4th Edition, New York
Glätzer Karl-Heinz (1998). In Seyffert Wilhelm "Lehrbuch der Genetik". Gustav Fischer Verlag, Stuttgart
Grupe Gisela, Christiansen Kerrin, Schröder Inge, Wittwer-Backofen Ursula (2012). "Anthropologie". Springer Spektrum, Springer-Verlag, Berlin Heidelberg
Horn Florian (2015). „Biochemie des Menschen". Georg Thieme Verlag, Stuttgart
Johanson Donald, Edgar Blake (2006). "From Lucy to language". Simon & Schuster, New York
King Max (1993). "Species Evolution - the role of chromosome change". Cambridge University Press, Cambridge
Linné Carl von (1758). "Systema Naturae". 10. Auflage, Stockholm
Mayr Ernst (1942). "Systematics and the Origin of Species". Columbia University Press, New York
Pääbo Svante (2014). "Die Neandertaler und wir. Meine Suche nach den Urzeit-Genen". S. Fischer Verlag, Frankfurt am Main
Simpson G. G. (1961). "Principles of Animal Taxonomy. The Species and Lower Categories". Columbia University Press, New York
Strachan Tom, Read Andrew P. (2004). "Human Molecular Genetics", Garland Science, London and New York, Third Edition
Watson James D. (1968). "The Double Helix". London
    deutsch (1969). "Die Doppelhelix". Rowohlt Taschenbuch Verlag, Reinbek bei Hamburg, 20. Auflage Oktober 2007
White Michael J. D. (1978). "Modes of Speciation". Freeman, San Francisco
Wiesemüller Bernhard, Rothe Hartmut, Henke Winfried (2003) "Phylogenetische Systematik". Springer-Verlag, Berlin Heidelberg

<u>Artikel</u> (et al. = et alteri = und andere)
Bandyopadhyay Ruma et al. (December 1, 2002). "Parental Origin and Timing of De Novo Robertsonian Translocation Formation". American Journal of Human Genetics, Volume 71, Issue 6, 1456-1462

http://www.cell.com/ajhg/archive
suchen: Volume 71 (2002), Issue 6, Artikeltitel

Bo Wang et al. (2013). "Case Report: Potential Speciation in Humans Involving Robertsonian Translocations", Biomedical Research India 24 (1): 171-174
http://www.biomedres.info/
es kommt: Biomedical Research ISSN 0970-938X (Print)
→ Volume Selector
anklicken: 2013 - Volume 24, Issue 1
letzter Eintrag: Case Report: Potential Speciation ... Author(s): Bo Wang, ...

Caspersson T., Zech, L., Johanson C. (1970). "Differential banding of alkylating fluorochromes in human chromosomes", Exp. Cell Res. 58: 128-140

Eklund A., Simola K.O.J., Ryynänen M. (1988). "Translocation t(13;14) in nine generations with a case of translocation homozygosity", Clinical Genetics 33: 83-86

Krause Johannes et al. (April 8, 2010) "The complete mitochondrial DNA genome of an unknown Hominin from southern Siberia", Nature 464: 894-897
http://www.nature.com/nature/journal/v464/n7290/full/nature08976.html

Martinez-Castro P., Ramos M.C., Rey J.A. et al. (1984). "Homozygosity for a Robertsonian translocation (13q14q) in three offspring of heterozygous parents", Cytogenetics and Cell Genetics 38: 310-312

MAX-PLANCK-GESELLSCHAFT (2013). "Auf den Spuren menschlicher Evolution"
https://www.mpg.de/7674817/neandertaler_chronologie

Meyer Matthias et al. (October 12, 2012). "A high coverage genome sequence from an archaic Denisovan individual", Science 338: 222-226
http://www.ncbi.nlm.nih.gov/pmc/articles/PMC3617501/

Prüfer Kay et al. (January 2, 2014). "The complete genome sequence of a Neanderthal from the Altai Mountains", Nature, Vol. 505: 43-49

Reich David et al. (December 23, 2010). "Genetic history of an archaic hominin group from Denisova Cave in Siberia", Nature 468: 1053-1060
http://www.nature.com/nature/journal/v468/n7327/full/nature09710.html

Robertson William Rees Brebner (1916). "Chromosome studies. Taxonomic relationships shown in the chromosomes of *Tettigidae* and *Acrididae*", J. Morph 27: 179-331

Starr Barry (February 26, 2010). "The 44 Chromosome Man And What He Reveals About Our Genetic Past".
http://genetics.thetech.org./ und weiter die *kursiven* Stellen anklicken (→):
→ *Genetics in the News*
→ *See a list of all previous articles*
→ Friday, February 26, 2010 *The 44 Chromosome Man*

Starr Barry (October 30, 2013). "Evolution", The Tech Museum of Innovation, San Jose
http://genetics.thetech.org/ask-a-geneticist/denisovan-chromosome-2

The Tech Museum of Innovation (January 6, 2011). "Scientists Use DNA to Find Our Newest Relatives, the Denisovans". San Jose, CA 95113
http://genetics.thetech.org/node/665

Tjio Joe Hin, Levan Albert (January 26, 1956). , "The Chromosome Number of Man", Hereditas 42: 1-6

Watson James D., Crick Francis H. C. (April 25, 1953). "Molecular Structure of Nucleic Acids", Nature 171: 737-738

Yunis Jorge J., Prakash Om (March 19, 1982). "The Origin of Man: A Chromosomal Pictorial Legacy", Science 215: 1525-1530

Personenregister
Alberts, Bruce, 20
Allen, Terry N., 20
Bo, Wang, 32-34
Boyd, Robert, 10, 42
Bandyopadhyay, Ruma, 29, 31
Campbell, Neil A., 28, 43
Caspersson, Torbjörn, 24
Crick, Francis, 16, 21
Darwin, Charles, 7, 11-14
de Vries, Hugo, 28
Dobzhansky, Theodosius, 7
Flemming, Walther, 15
Gardner, R.J. McKinlay, 31, 33
Glätzer, Karl-Heinz, 28
Grupe, Gisela, 41, 45
Horn, Florian, 16
Johanson, Donald, 42
King, Max, 41
Krause, Johannes, 44
Levan, Albert, 21, 22, 25
Linné, Carl von, 11, 12
Mayr, Ernst, 7
Meyer, Matthias, 44
Mose, 10
Pääbo, Svante, 43, 44
Prakash, Om, 28-30
Prüfer, Kay, 44
Read, Andrew P., 23, 24, 30
Reich, David, 44
Rightmire, G. Philip, 10
Robertson, William Rees Brebner, 28
Silk, Joan B., 10, 42
Simpson, G. G., 41
Starr, Barry, 32, 41
Strachan, Tom, 23, 24, 30
Tjio, Joe Hin, 21, 22, 25
Waldeyer, Heinrich Wilhelm, 15
Wallace, Alfred Russel, 13
Watson, James D., 16, 17, 21
White, Michael J. D., 28
Wiesemüller, Bernhard, 41
Yunis, Jorge J., 28-30
Zech, Lore, 24

Sachregister
Abstammung: 6, 7, 11, 42, 44
   Abstammungsreihe: 12
   Abstammungstheorie: 7, 12, 13
Adam: 35, 36, 39, 40, 41, 43
akrozentrisch: 31
Art: 6-13, 26, 28, 35-36, 39-43, 46
   Artbegriff: 10, 11
   Artdefinition: 6, 8, 11, 39, 41
   Artentstehung: 6-10, 26, 28, 43
   Artnamen: 11
balanciert: 31, 34, 36, 38, 40
Bandenmuster: 21, 23, 24, 29
Basen: 16
   Basenpaar: 16, 27
   Basensequenz: 19, 21, 24, 26, 29, 43
Bastard: 43
   Bastardsterilität: 43
Centromer: 20-22, 24, 28, 31
Chinese: 32-34
Chromatide: 19, 20
Chromosom, chromosomal: 6, 9, 15-16, 19-45
   Chromosomenkonstellation: 38
   Chromosomentyp: 23-28
   Chromosomenzahl: 9, 21, 25, 26, 28, 29, 43, 44
Darwinfinken: 46
Denisova: 44, 45
DNA-Molekül: 15, 16, 18, 19, 21, 26, 43
Eva: 35-36, 39-41, 43
Evolution: 7, 11, 43
   evolutionäre Art: 41, 42
   Evolutionstheorie: 7, 12
Fortpflanzungsbarriere: 43
Gamete: 25, 26, 34, 36-38, 40
Gattung: 9, 11, 12
Gen: 16, 29, 44
Genom: 27
Homininen: 6, 9, 28, 44
   Homininenart: 9, 10, 28, 39, 40, 41, 42
   Homininenchromosom: 29
Homo erectus: 9, 29, 42, 43, 45
Homo ergaster: 9, 29, 42, 45
Homo neanderthalensis: 9, 42
Homo sapiens: 9, 11, 12, 26, 28, 29, 36, 39, 41-45
Hybriden: 11, 43
Karyogramm: 21, 24, 25, 29, 31, 33
Karyotyp: 24, 25, 27, 28, 31, 33, 37, 44
Keimzelle: 25, 26, 37, 38

Klon: 33-36, 40
Kreuzung: 11, 34, 37, 43
   Kreuzungsschema: 37-38
Leben: 12-13
   Lebensgebiet: 8
   Lebenskampf: 12
Maulesel: 11, 43
Maultier: 11, 43
Meiose: 25, 26, 29, 37
Mensch: 6-7, 9, 12, 13, 15, 20-29, 31, 35, 44, 45
   Menschenaffen: 6, 8, 21, 28
   Menschenart: 35
   Menschenchromosom: 29-30
Metaphase: 16, 20, 22
Mitochondrien: 27
Mitose: 16, 19, 20
Molekularbiologie: 4, 20
Mutation: 7, 28
Mutterart: 6-8, 39, 41-43
Neandertaler: 43-45
   Neandertaler-Genomprojekt: 43, 44
Polyploidie: 28
Population: 6-9, 28, 41, 44
postzygotische Fortpflanzungsbarriere: 43
Protein: 16, 19
reproduktiv isoliert: 7, 41, 43
Robertson-Translokation: 25, 28-29, 31, 33-36, 40
Schimpanse: 6, 8, 9, 29
   Schimpansenchromosom: 29, 30
Selektion: 7, 12
Sequenzierung: 16, 26, 44
Spezies: 28
Stammbaum: 6, 8, 10, 29, 33-35, 41-42, 44, 45
Tochterart: 7, 8
Trisomie: 25, 38
Unterart: 7, 8, 44-47
Urzelle: 12, 13
Zelle: 15, 19, 20, 25, 28, 36, 40
   Eizelle: 25, 26, 29, 35, 36, 40
   Samenzelle: 25, 26, 35, 36, 40
Zellkern: 15, 21, 28
Zygote: 25, 26, 38

www.ingramcontent.com/pod-product-compliance
Lightning Source LLC
Chambersburg PA
CBHW081816220526
45470CB00007B/2331